裂尖局部网格替代的扩展有限元法及其应用

XFEM-based Local Mesh
Replacement Method and Its Applications

王志勇　著

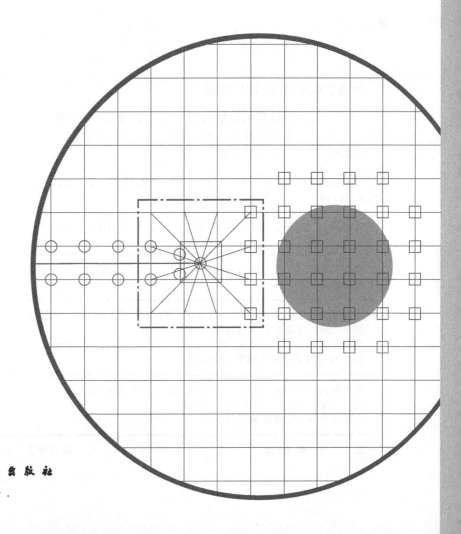

化学工业出版社

·北京·

本书共 6 章，内容包括绪论，基础理论，扩展有限元法的基本框架，局部网格替代的扩展有限元法，相互作用积分法，LMR-XFEM 在线弹性断裂力学中的应用。书后还附有相关资料供读者参考。

本书将理论与实际运算相结合，具有较强的实用性和针对性，可供从事有限元、扩展有限元程序编制和二次开发的研究人员，以及机械、土木、矿业、航空航天工程技术人员和管理人员参考，也可供高等学校力学、土木、矿业和航空航天及相关专业师生参阅。

图书在版编目（CIP）数据

裂尖局部网格替代的扩展有限元法及其应用/王志勇著. —北京：化学工业出版社，2019.8 (2021.2重印)
ISBN 978-7-122-35002-2

Ⅰ.①裂… Ⅱ.①王… Ⅲ.①有限元法-研究 Ⅳ.①O241.82

中国版本图书馆 CIP 数据核字（2019）第 167943 号

责任编辑：刘 婧 刘兴春 装帧设计：李子姮
责任校对：宋 玮

出版发行：化学工业出版社（北京市东城区青年湖南街 13 号 邮政编码 100011）
印 装：北京七彩京通数码快印有限公司
710mm×1000mm 1/16 印张 14¾ 彩插 1 字数 213 千字
2021 年 2 月北京第 1 版第 2 次印刷

购书咨询：010-64518888 售后服务：010-64518899
网 址：http://www.cip.com.cn
凡购买本书，如有缺损质量问题，本社销售中心负责调换。

定 价：85.00 元 版权所有 违者必究

前　言

　　本书系统地介绍了应用于线弹性断裂力学中的扩展有限元法，以及在此基础上发展而来的一种裂尖局部网格替代的方法。 改进后的数值方法在一定程度上解决了材料内部包含复杂界面时裂纹尖端断裂参数的精确提取和裂纹准静态扩展的高效模拟等问题。

　　本书共分为 6 章：第 1 章介绍了断裂力学中广泛使用的数值方法及其在工程中的应用情况，概述了扩展有限元法在国内外研究的现状与研究进展；涉及数值方法求解断裂力学中的主要参量——应力强度因子和常用的线弹性断裂准则等。 第 2 章罗列了线弹性断裂力学的基础理论和基本思想，同时介绍了如何采用有限元法处理裂纹尖端应力场的奇异性问题；结合商业有限元软件 ABAQUS 给出了具体的求解过程，以供读者参考；并讨论了模拟裂纹扩展时的限定条件和相关数值方法的适用范围；给出了针对脆性或准脆性材料的 4 种断裂准则及其求解步骤等。 第 3 章和第 4 章分别介绍了扩展有限元法的基本框架和局部网格替代扩展有限元法的基本思路，改进后的方法综合了有限元和扩展有限元法求解裂纹问题的核心思想，虽然需要对裂纹尖端区域网格做特殊处理，但增加的计算量较小，同时裂纹与网格之间仍然相互独立，体现了计算精度和计算效率的有效平衡；改进后的方法可以方便地和其他后处理方法相结合而用于求解断裂参数，例如相互作用积分法和虚拟裂纹闭合法等。 第 4 章概述了虚拟裂纹闭合技术及其在有限元软件中的应用。 第 5 章介绍了传统的 J 积分方法和一种新型的相互作用积分法，该方法在当积分围道包含非均质材料界面时亦可方便地用于提取裂纹尖端混合型应力强度因子，针对实际问题具有更好的适用性。 第 6 章通过一系列典型问题的实例，讨论了如何采用裂尖局部网格替代的扩展有限元法分析断裂问题，包括裂尖应力强度因子和 T 应力的提取、裂纹准静态扩展、巴西圆盘劈裂和动态载荷下的计算等的专题，基本上涵盖了线弹性断裂力学数值方法的理论基础、计算程序和应用背景等。 另外，在书后附录中补充了相关公式的推导过程，并且拓宽了其研究对象的范围，以便于读者更全面地了解公式的涵义，从而能够自学和理解主要内容。

本书的写作特点是理论公式、计算程序、具体算例和相关文献讨论相结合；所有的算例程序都在 MATLAB 中运行，通过具体算例，读者很容易巩固和掌握有限元、扩展有限元方法求解断裂问题的本质并为进一步开展自己的研究工作打下基础。 本书凝聚了作者多年来的教学与科研经验，是在调研相关学科方向和应用方面的进展，并分析现有国内外著作情况的基础上完成的，具有较强的针对性和鲜明的实用性，可供有限元程序的开发与使用领域的科研人员及管理人员参考，也可供高等学校力学、土木、矿业和航空航天及相关专业的师生参阅。

本书在编写过程中，得到了太原理工大学机械与运载工程学院应用力学研究所师生们的支持、鼓励和帮助，作者在此表示衷心感谢！ 侯成、陈青青、刘璐瑶等多次参与了本书内容的讨论和编排，也提出了许多宝贵的意见，书中的一些研究内容来自他们的研究成果，作者对他们表示深切的谢意。 本书的编写和出版得到了国家自然科学基金青年基金的资助(11702186：落锤冲击下钢筋对含缺口混凝土梁断裂机制的影响研究)，在此也表示衷心的感谢。

限于作者的知识视野和学术水平，书中难免存在不足和疏漏之处，恳请读者批评指正。

著者
2019 年 5 月

目 录

第1章 绪论

在工程领域中，源于微裂纹和裂纹扩展而造成的灾难性破坏事故频繁地发生，使得人们一直以来对于断裂这种常见的失效模式十分关注。例如，飞机的机翼在交变载荷作用下折断、大型水坝的断裂垮塌、压力容器或管道的破裂和各类机械构件的损坏等，都会对人民的生命和财产造成不可估量的损失。在此背景下，诞生了断裂力学这一固体力学的重要分支。作为传统强度理论的补充，从20世纪50年代开始形成并发展至今，断裂力学已经在航空、航天、交通运输、化工、机械、材料、能源等工程领域得到了非常广泛的应用。随着实验测试手段和计算机水平的日新月异，人们能够从多个角度更深入地研究、了解甚至预测不同材料横跨宏观、细观和微观尺度的断裂失效过程，有助于断裂力学相关理论更好地发挥其工程指导作用。其中，线弹性断裂力学虽然基本假设苛刻，但针对脆性材料和多种新型材料有较强的适用性，并且仍在不断发展和完善，因此在一些工程领域仍具备前沿性和很大的挑战性。经典的线弹性断裂力学理论把材料的变形限定在弹性变形或小范围屈服的情况下，同时要求裂纹尖端附近区域材料属性为各向同性，使其应用于诸如复合材料低应力脆断问题的研究存在一定难度。

线弹性断裂力学中最主要的断裂参数就是应力强度因子和 T 应力。线弹性断裂力学的任务也是如何有效求解这些参数。一旦知道应力强度因子，裂纹尖端附近区域的应力、应变、位移和应变能密度等就都能求得或描述。计算应力强度因子通常有解析法和数值法两种，前者包括应力函数法和积分变换法等；后者包括有限元法、边界元法、边界配置法等。从 20 世纪 50 年代中期以来，已经建立了众多的计算应力强度因子的方法。对很多常见裂纹问题的应力强度因子已经汇集成手册。应力强度因子的值由载荷、裂纹数目、长度和位置以及物体的几何形状等共同决定。由于线弹性力学的本构关系是线性的，因此裂纹问题的应力强度因子可以利用叠加原理求得。上述问题构成了线弹性断裂力学最初的理论框架。

为了便于研究人员和工程师使用，采用数值计算方法获取这些参数时涉及 2 个方面：

① 保证计算精度，包括基本位移场、应力场和由它们导出的能量项等；

② 提高应用效率，避免前、后处理中过多的重复计算，便于分离求解复合型断裂参数等。

这就要求针对不同的具体问题给出适当的方法和修正措施。本章将概述线弹性断裂力学中常用的数值计算方法及其类型，着重讨论有限元、扩展有限元方法在求解断裂参数时的基本特点和要点；并结合几种常用的断裂准则，分析这些方法各自的优势和不足之处，进而引出求解含复杂界面材料断裂问题的数值分析方法。

1.1 扩展有限元法及其研究进展

经过不断地发展和改良，有限元法仍是求解断裂力学基本问题乃至实际工程问题最有力的工具。有限元法的通用性和稳定性明显优于其他数值方法，例如边界元法、有限差分法和无单元法等。在有限元法中引入奇异单元能够准确地求解裂尖断裂参数，但缺点是效率较低。因为裂纹面及裂尖附近应力集中明显，应力梯度大，必须划分较密的网格。另外，有限元法一般采用连续插值方式，要求单元位移模式不能出现跳跃。因此，必须将裂纹面作为求解域的边，即单元边界必须与裂纹面重

合。在模拟裂纹扩展时，有限元法效率较低的特点体现得尤为明显。为
了解决这一问题，Belytschko 及其合作者[1] 在 1999 年提出了扩展有限
元法（Extended Finite Element Method，XFEM）。扩展有限元法顾名
思义是将有限元法做了一定的拓展，从而可以更有效地求解不连续问
题。扩展有限元法并没有脱离传统有限元法的框架，使得有限元法的诸
多优点得以保留。介绍扩展有限元法首先需提到 1996 年 Melenk 和
Babuška[2] 给出的单位分解法（Partition of Unity Method，PUM）。
该方法是在求解边值问题时，将一些已知的局部解或特征函数引入有限
元位移逼近，并能够保证计算的收敛性。单位分解法最初体现在广义有
限元法[3,4]（Generalized Finite Element Method，GFEM）的应用中，
用于求解材料包含内部边界的问题。扩展有限元法也正是基于单位分解
的思想，在常规有限元位移模式中引入各向同性弹性材料裂尖场解析解
的低阶项，从而能够表征真实裂尖场的特性，同时放松对网格密度的过
分要求。为了表征裂纹面引起的不连续，Moës 等[5] 在扩展有限元位
移模式中引入了 Heaviside 阶跃函数，使得单元边界无需强制与裂纹面
重合，裂纹独立于所采用的网格。至此，扩展有限元方法得以确立和正
式使用。XFEM 与有限元法最大的区别在于结构内部的不连续体（包
含裂纹、夹杂和孔洞等）与使用的网格间是相互独立的，在模拟不连续
体演化问题时无需重新划分网格，因此提高了计算效率。经过十余年的
发展，XFEM 已经成为计算固体力学的一个重要分支。对 XFEM 研究
情况的综述性文章已逐渐增多，单独针对 XFEM 的国际会议和论坛也
相继举行，感兴趣的读者可以查阅相关书籍和网站。国内具有代表性的
综述性工作可参见李录贤等[6] 发表于《力学进展》中的文章。XFEM
仍在传统有限元的框架内进行求解，并且由于增强后的节点形函数在单
元内部具有"单位分解"的特性，XFEM 的刚度矩阵具有和有限元一
样对称、稀疏且带状的优点。这使得编程比较容易，且求解方便。

　　为了描述裂纹面和裂纹尖端的位置，跟踪界面实时移动过程，可将
界面的变化表示成比界面高一维的水平集曲线，即水平集方法（Level
Set Method，LSM）：

$$\varphi(x,t) = \pm \min_{x_\Gamma \in \Gamma(t)} \| x - x_\Gamma \| \tag{1-1}$$

如果取样点 x 位于 $\Gamma(t)$ 所定义的裂纹上方，那么式（1-1）前的符号就取正，否则为负，x_Γ 为裂纹面上的点。

裂纹生长可由 φ 的演化方程求得：

$$\varphi_t + F\|\nabla\varphi\| = 0 \tag{1-2}$$

上式中 $\varphi(x,0)$ 给定，$F(x,t)$ 是界面上点在界面外法线方向的速度。该方法的优点是可以在固定的欧拉网格上进行计算，且能很自然地处理界面拓扑[6]。同样地，水平集方法可以应用于不同形状夹杂及孔洞的描述。

XFEM 提出伊始，Belytschko 及合作者 Dolbow、Prévost、Moës、Daux、Sukumar、Chessa、Chopp、Huang、Duarte 等做了大量基础性研究工作，验证了 XFEM 的准确性和稳定性，其中包括强（弱）不连续、裂纹交叉和分支、任意不连续体、三维静态断裂、裂纹疲劳扩展、高阶单元的使用和算法优化、非均匀材料断裂、接触和摩擦、位错及界面裂纹等问题。对于 XFEM 研究现状的综述可参考 Abdelaziz 等[7] 的工作。本章只选取部分相关的内容进行介绍。应用水平集方法可以判断被裂纹割开的单元及裂尖所在单元，从而可以明确需要增强自由度的节点，其中既包含需要增强自由度的节点又包含普通节点的单元被统称为混合单元。

Zi 等[8] 采用偏移形式的增强函数代替原有的 Heaviside 阶跃函数 $[H(x)]$、裂尖场特征函数 $[\gamma_l(r,\theta)]$ 以及表征材料界面的绝对值函数$[|\varphi(x)|]$：

$$\Phi_J(x) = \Phi(x) - \Phi(x_J), \Phi(x) = \begin{cases} H(x) \\ \gamma_l(r,\theta) \\ |\varphi(x)| \end{cases} \tag{1-3}$$

通过上述处理，XFEM 位移模式中的传统有限元位移项所对应的节点位移即代表真实节点位移。此时，相关单元的内部位移场函数仍能反映界面的影响，但单元边界不受增强函数的影响，即被增强的节点等同于普通单元的节点，从而消除了混合单元，给计算带来很大方便。但上式存在一个缺陷是当裂纹面与单元节点重合时无法求解。同年，Sukumar 和 Huang 等[9,10] 较为全面地概括了扩展有限元法的基本思想，并将其应用于模拟裂纹的准静态扩展行为。Dolbow 等[11] 应用 XFEM 计算了材料属性连续变化的功能梯度材料中裂纹尖端的应力强度因子，得到了非常精确的结果。为了描述由于孔洞和夹杂的存在而导致的弱不连续问题，除了将式（1-3）提到的绝对值函数作为增强函数之外，Moës 等[12] 给出另一种方法，如式（1-4）所列，并指出采用该函数使得计算的收敛速度接近于传统有限元法。

$$F^2(x) = \sum_I \mid \phi_I \mid N_I(x) - \left| \sum_I \phi_I N_I(x) \right| \qquad (1-4)$$

式中　$N_I(x)$ ——节点形函数；

　　　　ϕ_I ——对应的增强函数。

可见，通过引进适当的增强函数，XFEM 可以方便地处理平面内含裂纹或夹杂的问题。而应用 XFEM 时必须已知所求解问题对应的裂尖场特征，这也是该方法的局限性之一。

对扩展有限元法的可靠性研究集中在讨论算法的精度和收敛速度上，其中包括混合单元对计算精度的影响[13]、高阶单元或高阶积分对提高收敛性的作用[14,15]、采用更精确的逼近形式以期获得更精确的应变场[16-19] 等，本章不再详述。

下面介绍应用 XFEM 求解界面裂纹问题的相关工作。Yan 等[20] 应用 XFEM 巧妙地计算了当裂纹靠近直线材料界面时的准静态扩展轨迹。计算中仅采用了 Heaviside 阶跃函数，并强制使裂尖落在三角形单元边界上。同时，在裂尖及界面附近进行高密度的网格划分，获得了和实验非常接近的数值结果。该方法的优点是在模拟裂纹扩展时无需重新划分网格，缺点是很难引入并考虑裂尖的奇异性，因此付出了很大的计算代价。

众所周知，当裂尖落在材料界面上，并且裂纹面垂直于该界面时，裂尖的奇异性指数为一实数。Huang 等[10] 采用 XFEM 计算了薄膜-基底结构中垂直于界面裂纹尖端的断裂参数。与各向同性材料不同，此时裂尖增强函数为：

$$\boldsymbol{B} = [B_1, B_2, B_3, B_4] = r^{1-\lambda} [\sin\lambda\theta, \cos\lambda\theta,$$
$$\sin(\lambda-2)\theta, \cos(\lambda-2)\theta] \qquad (1-5)$$

式中　λ——奇异性指数，包含 r 和 θ 的项是用极坐标表示的特征角函数。

　　笔者将 XFEM 结果与解析解及有限元结果做了比较，发现 XFEM 获得了与传统有限元法相同的精度，但计算量小得多。当裂纹恰好位于材料界面时，裂尖奇异性指数为复数。Sukumar 等[21] 应用 XFEM 计算了这一问题，并将裂尖增强函数变为 12 项。通过计算研究了单元大小、裂尖位置扰动及大范围材料不匹配等对裂尖应力强度因子的影响。将获得的应力强度因子与解析解做对比，相对误差均保持在 2% 以内，进一步证明了 XFEM 在求解此类问题时的优势所在。其他方面，许多学者将扩展有限元法与内聚力模型相结合研究材料界面的失效问题[22-26]。

　　以上介绍的都是应用 XFEM 求解静态断裂问题。同样地，XFEM 也被广泛地应用于求解动态断裂的问题。动态断裂包含两个方面，分别为静止裂纹和运动裂纹问题。求解动态问题的方法一般有显式和隐式两种。Chen 和 Belytschko 等[27,28] 最早在 XFEM 中引入了新的节点增强方式，从而能够求解与时间相关的问题。2005 年，Réthoré 等[29] 应用 XFEM 模拟了裂纹的动态扩展过程。在任意时刻 t_n，裂尖动态应力强度因子由相互作用积分法及 Irwin's 关系所求得。根据动态断裂准则，如果裂纹发生扩展，则 t_{n+1} 时刻的基本场由 t_n 时刻的场通过映射求得[29]：

$$X_n^n \to X_n^{n+1} \to X_{n+1}^{n+1} \tag{1-6}$$

$$[X_n^{n+1}] = \begin{bmatrix} X_n^n \\ 0 \\ \vdots \\ 0 \end{bmatrix} \tag{1-7}$$

式中　X_n^n——t_n 时刻的位移、速度和加速度场。

　　XFEM 存在虚拟自由度，而且在裂纹扩展之后虚拟自由度个数增加。可将 t_n 时刻所有的虚拟自由度保留，同时将 t_{n+1} 时刻增加的虚拟自由度初值赋为零（即裂尖在 t_n 时刻还未扩展进入新的单元），如式 (1-7) 所列。此时，再应用隐式的纽马克法求解就能保证能量离散的稳定和守恒性。在上述工作基础上，Grégoire 等[30] 也应用这一方法模拟了裂纹动态扩展及止裂过程。他们指出，只要明确 3 个方面即可模拟简单的裂纹动态扩展。这 3 个方面包括动态裂纹起裂韧性、裂纹扩展方向以及裂尖运动速度。Motamedi 和 Mohammadi[31] 应用 XFEM 研究了正交各向异性材料中裂纹的动态扩展。计算时采用正交各向异性材料中适用的裂尖增强函数。将计算得到的动态应力强度因子与 Nishioka[32] 应用有限元法求得的结果比较发现：当裂纹静止时，吻合良好；但当裂纹发生失稳扩展时，结果有较小的偏差，笔者指出是由于使用的断裂准则不同所致。另外，将显式方法与 XFEM 结合模拟动态裂纹问题可参考 Nistor 等[33] 和 Elguedj 等[34-36] 的工作。随着 XFEM 逐渐被接受，2009 年，Giner 等[37] 通过用户子程序 *UEL* 将扩展有限元思想引入 ABAQUS 软件中，用于求解线弹性以及非线性摩擦接触问题，取得了良好的成效。同年，ABAQUS6.9 中引入了 XFEM，成为第一个将 XFEM 实现商业化的软件。国内学者对 XFEM 的研究也从最初的追踪状态到近十年来取得了丰硕的成果。清华大学庄茁、柳占立和方修君[38-40]、河海大学余天堂[41,42]、大连理工大学李建波[43,44] 等对 XFEM 方法及其工程应用开展了大量的相关研究。需要特别提到的是，中国工程物理研究院郭历伦等[45] 综述了 XFEM 的理论基础及研究进展。

1.2　数值方法求解裂纹尖端应力强度因子

计算构件在不同工况下裂纹尖端的应力强度因子是线弹性断裂力学一项重要任务。众所周知，对于线弹性材料而言，裂尖处应力是无穷大的。因此，不能将其作为研究裂纹问题的参数。应力强度因子概念的引入，就是为了克服这个数学上的固有困难，用来描述裂尖附近应力奇异的严重程度。求解应力强度因子的方法很多，包括理论求解、数值求解和实验标定等。理论和实验方法能求解的范围很小且局限性较大，因此对于大多数实际问题需要采用数值解法。而数值解法主要包括位移法、应力法、J 积分法和相互作用积分法等，我们着重介绍相互作用积分法。

位移法和应力法都是通过经验性的插值方式求解，因此很难评估结果的准确性。Rice[46] 在 1968 年提出了著名的 J 积分理论，给线弹性乃至弹塑性断裂力学的研究增添了活力。随后，国内外学者对 J 积分的物理含义、特性等进行了广泛而深入的研究，完善并发展了该理论。J 积分的计算精度虽然很高，但对于混合型裂纹问题很难分离或求得 Ⅰ、Ⅱ 型应力强度因子。为此，Stern 等[47] 提出了基于 J 积分理论的相互作用积分法。该方法首先需要引入一个辅助场，并假设辅助场和真实场共同作用于弹性体。根据叠加原理，将二者叠加并代入 J 积分表达式中可以分离得到三个部分，分别为真实场引起的 J 积分、辅助场引起的 J 积分和二者交叉部分。这个交叉部分即为相互作用积分，且亦具有路径无关的特性。通过数值求解得到相互作用积分值后代入 Irwin's 关系式可以很容易地分离并求得混合型应力强度因子。Dolbow 等[48] 导出了适用于二维功能梯度材料裂纹问题的相互作用积分。在此基础上，于红军等[49-53] 推导出一种新的相互作用积分表达式。该表达式与 Dolbow 等给出的结果相比，不包含任何材料属性的导数项，因此可以计算积分区域内部材料属性不可导的情况。而且，当积分区域内部包含多个直线或曲线界面时该相互作用积分仍然有效。Kim 等[54] 指出辅助场的形式是可设计的，在一定条件下有多种选择。他们针对功能梯度材料定义了 3 种不同形式的辅助场，分别为不平衡公式、不兼容公式和常本构张量公式。不同的定义方法得到的相互作用积分表达式会略有不同，而恰当地选择辅助场能给计算带来很大方便。

Song 等[55] 基于求解动态裂纹问题的 J 积分，采用不平衡形式的辅助场推导出了针对材料属性连续变化的非均匀材料断裂问题对应的相互作用积分表达式。但是该积分中并不包含动能密度项，无法求解运动裂纹问题。Réthoré 等[56] 基于拉格朗日守恒法推导出了适用于运动裂纹问题的相互作用积分：

$$I^{\text{int}} = -\int_A q_{k,j} \left[(\sigma_{ml}^{\text{aux}} u_{m,l} - \rho \dot{u}_l \dot{u}_l^{\text{aux}}) \delta_{kj} - (\sigma_{ij}^{\text{aux}} u_{i,k} + \sigma_{ij} u_{i,k}^{\text{aux}}) \right] \mathrm{d}S$$

$$+ \int_A q_k \left[(\sigma_{ij,j}^{\text{aux}} u_{i,k} + \ddot{u}_i u_{i,k}^{\text{aux}}) + (\rho \dot{u}_i^{\text{aux}} \dot{u}_{i,k} + \rho \dot{u}_i \dot{u}_{i,k}^{\text{aux}}) \right] \mathrm{d}S \quad (1\text{-}8)$$

式中　右上标 aux——辅助场，否则为真实场；

$\dot{u}$ 和 $\ddot{u}$ ——速度和加速度；

ρ ——密度。

另外，经过改进的相互作用积分还可以用于求解正交各向异性材料中的裂纹问题、三维裂纹问题及热力耦合作用下的裂纹问题等[57-62]。

1.3 断裂准则

把研究对象限定在脆性或准脆性材料，例如颗粒（纤维）增强复合材料、混凝土或岩石等。从破坏的角度看，这些材料具有相似的力学特性，因而相应的力学测试手段、基础理论及断裂准则可以相互借鉴和使用。针对这类材料，经常采用的断裂准则包括最大切向应力准则[63]、最大能量释放率准则[64]、最小应变能密度因子准则[65]和双 K 断裂准则[66]等。这些准则形式简单有效，但由于在大多断裂力学书籍中已有介绍，此处不再详细评述。传统的最大切向应力准则是 Erdogan 等于1963 年给出的，考虑了裂尖处应力场的奇异项，即采用应力强度因子作为判据判断裂纹是否开裂。

然而实验研究表明，许多材料的裂纹初始偏转角都受裂纹尖端 T 应力的影响。Smith 等[67] 提出了广义的最大切向应力准则（Generalized Maximum Tangential Stress Criterion，GMTS），该准则考虑了裂尖应力场奇异项的同时还引入了第二阶非奇异项的影响，即 T 应力。Ayatollahi 和 Aliha[68] 使用考虑三个断裂参数 K_I、K_{II} 和 T 应力影响的 GMTS 准则来预测岩石巴西圆盘试样 I-II 复合型断裂韧性，发现 GMTS 准则的预测曲线与实验结果更为一致。在此基础上，Ayatollahit 等[69] 又提出了修正的最大切向应力准则（Modified Maximum Tangential Stress Criterion，MMTS），该准则同时引入了裂尖应力奇异项和其他高阶项（包括 T 应力、A3 和 B3 阶项）。Akbardoost 等[70] 利用 MMTS 准则对某种大理石承受 I 型加载的巴西圆盘试样和 I-II 混合型加载的边缘裂纹三角形试样进行了实验研究，结果表明，这两种实验获得 I 型断裂韧性有明显的区别，其中考虑 A3 项预测的断裂过程区尺寸及断裂行为与实验数据吻合更好。Ayatollahi 等[71] 还利用考虑了 T

应力项的广义最小应变能密度因子准则来研究脆性及准脆性材料的Ⅰ-Ⅱ复合型断裂行为。另外，徐世烺等[66]发展完善的双 K 断裂准则已经应用到了实际的土木和水利工程中，该准则的特点是将起裂韧性和失稳韧性作为 2 个重要的参量来描述混凝土裂纹的起裂、稳定扩展和失稳破坏全过程。

对于颗粒（纤维）增强复合材料，其内部裂纹尖端的应力奇异性一直受到人们的关注。若裂纹尖端位于基体材料中并与颗粒距离较远，裂尖应力场仍具有人们熟知的负二分之一奇异性的特点，但当裂纹尖端非常接近界面或落在界面上时该结论便不再成立。当裂尖无限接近直的双材料界面时，Wang 等[72]提出一个适应性方程来描述应力强度因子与裂尖到界面距离间的关系：

$$F_{\mathrm{I}}(\gamma_{ss}) \approx q_1 \left(\frac{c}{a}\right)^{(0.5-\lambda)+0.5(0.5-\lambda)^2} \tag{1-9}$$

式中　F_{I}——裂尖应力强度因子的解析解；

　　q_1——常数；

　　λ——由于弹性常数不匹配计算得到的奇异性阶数，当颗粒和基体的材料属性明确时为定值；

　　c——此裂尖到界面的距离；

　　a——裂纹半长。

研究表明：当裂纹位于材料弹性模量较小的一侧，并无限接近材料弹性模量较大的另一侧时，裂尖应力强度因子趋于零；反之，应力强度因子则趋于无穷大。笔者还指出式（1-9）在 $0.001 \leqslant c/a \leqslant 0.01$ 的区间内可以得到合理结果。Johan 等[73]给出弹性静载条件下，裂纹尖端靠近圆形颗粒时（见图 1-1）计算应力强度因子的表达式：

$$q_2 \approx F_{\mathrm{I}}(\gamma_s) \left(\frac{c}{a}\right)^{(\lambda-0.5)} \tag{1-10}$$

与式（1-9）类似，当 $c/a \to 0$ 时，q_2 接近于一个常数。式（1-10）还能将得到合理结果的区间拓展为 $0.0000001 \leqslant c/a \leqslant 0.01$。

根据 Wang 等[74]的工作，定义 R_δ 为裂尖到界面的距离与裂纹长度的比值，当裂尖接近刚性夹杂且 $R_\delta \geqslant 0.03$ 时，仍可按照负二分之一

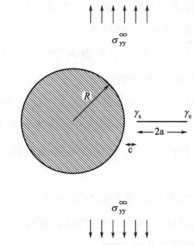

图 1-1　直线裂纹与圆形颗粒间的相互作用[73]

奇异性进行计算。通常，如果弹性常数不匹配程度并不是很大，即使当 $R_\delta \leqslant 0.03$ 时也可认为是负二分之一奇异性。而当裂纹尖端落到基体与颗粒界面上时，裂尖场呈现出振荡特征的奇异性。

对于直线界面裂纹，以 Hutchinson 和 Suo 为代表的国内外学者进行了深入而细致的研究并取得了大量重要的研究成果。我们关注的重点是颗粒与基体连接处产生的脱粘，即以曲线界面裂纹形式存在的缺陷。这种缺陷导致的失效是颗粒增强复合材料应用时极常见的现象，因此必须在预报模型中予以考虑。该方面最早的工作是由 England[75]、Perlman 和 Sih[76] 完成的。他们均基于 Kolosov-Muskhelisvili 复势理论对平面问题进行求解，采用张开型曲线界面裂纹模型描述颗粒与基体间的部分脱粘。Toya[77,78] 发展了前人的工作，给出这类问题完整的解析过程，为后续研究奠定了重要基础。其工作主要包括 2 个方面：a. 推导出以脱粘角度为自变量的总能量释放率的解析表达式，并将其与特定断裂准则相结合，预测裂纹沿界面的扩展；b. 提出一个基于强度的准则，判断界面裂纹是否继续沿界面扩展或是发生折裂，其中折裂角由最大环向应力准则求得。Varna 等[79,80] 考虑并引入剪切断裂模式影响，修正了由 Toya 之前提出的断裂准则。由于裂尖附近弹性场的奇异性具有振荡的特征，应力强度因子为复数形式。Prasad 等[81] 应用复势理论计算并得到了复式应力强度因子的两部分，并应用最大环向应力准则预报了界面断裂。针对线弹性问题，仍将基体与颗粒间的部分脱粘视为界面裂纹来处理，Kushch 等[82] 给出了平面内完整的位移解答，并分析了多个含部分脱粘颗粒间的相互影响。

当材料界面为直线，且材料界面与裂纹面垂直或呈现一定角度时，随着裂纹尖端不断地靠近界面，一般会出现以下 3 种情况：

① 裂纹尖端到达界面后，由于界面粘接强度较弱，裂纹转入界面扩展；

② 界面强度较强时裂纹穿过界面在另一材料介质中扩展；

③ 界面强度非常弱或界面存在缺陷时，裂纹未达到界面处，裂纹尖端较高的应力场使得界面发生脱粘。

当裂尖位于单一材料内部时，可采用对均匀材料适用的断裂准则判断裂纹扩展与否以及扩展角度。当裂纹尖端与界面相遇时，则可采用如下准则判断[83]：

$$\frac{G_{int}^c}{G_2^c} < \frac{G_{int}}{G_2} \tag{1-11}$$

若上式成立，裂纹转入界面扩展，这里下标 int 和 2 分别表示界面和将被侵入材料，上标 c 表示对应材料的韧性；反之，裂纹进入材料 2 向前扩展。对以颗粒为典型代表的曲线界面问题，西班牙塞维利亚大学 París 教授及其合作者[84-87] 研究了不同载荷条件下界面裂纹起裂及扩展问题。另外，Khludnev[88] 等研究了弹性体内包含刚性夹杂时界面裂纹扩展的优化控制问题。

本部分着重讨论了不同情况下，特别是针对复合材料裂纹尖端的断裂参数及其特征。以上阐述对线弹性范围内复合材料断裂准则的选取及有效性判断提供了一定的参考和依据。

参考文献

[1] Belytschko T，Black T. Elastic Crack Growth in Finite Elements with Minimal Remeshing [J]. International Journal for Numerical Methods in Engineering，1999，45（5）：601-620.

[2] Melenk J M，Babuška I. The Partition of Unity Finite Element Method：Basic Theory and

Application [J]. Computer Methods in Applied Mechanics and Engineering, 1996, 39 (1): 289-314.

[3] Duarte C A, Hamzeh O N, Liszka T J. A Generalized Finite Element Method for the Simulation of Three-Dimensional Dynamic Crack Propagation [J]. Computer Methods in Applied Mechanics and Engineering, 2001, 190 (15-17): 2227-2262.

[4] Babuška I J E. Generalized Finite Element Methods: Their Performance and Their Relation to Mixed Methods [J]. SIAM Journal for Numerical Analysis, 1983, 20 (3): 510-535.

[5] Moës N, Dolbow J, Belytschko T. A Finite Element Method for Crack Growth without Remeshing [J]. International Journal for Numerical Methods in Engineering, 1999, 46 (1): 131-150.

[6] 李录贤，王铁军. 扩展有限元法（XFEM）及其应用 [J]. 力学进展, 2005, 35 (1): 5-20.

[7] Abdelaziz Y, Hamouine A. A Survey of the Extended Finite Element [J]. Computers and Structures, 2008, 86 (11-12): 1141-1151.

[8] Zi G, Belytschko T. New Crack Tip Elements for XFEM and Applications to Cohesive Cracks [J]. International Journal for Numerical Methods in Engineering, 2003, 57 (15): 2221-2240.

[9] Sukumar N, Prévost J H. Modeling Quasi-static Crack Growth with the Extended Finite Element Method. Part I: Computer Implementation [J]. International Journal of Solids and Structures, 2003, 40 (26): 7513-7537.

[10] Huang R, Sukumar N, Prévost J H. Modeling Quasi-Static Crack Growth with the Extended Finite Element Method. Part II: Numerical Applications [J]. International Journal of Solids and Structures, 2003, 40 (26): 7539-7552.

[11] Dolbow J E, Gosz M. On the Computation of Mixed-Mode Stress Intensity Factors in Functionally Graded Materials [J]. International Journal of Solids and Structures, 2002, 39 (9): 2557-2574.

[12] Moës N, Cloirec M, Cartraud P, Remacle J F. A Computational Approach to Handle Complex Microstructure Geometries [J]. Computer Methods in Applied Mechanics and Engineering, 2003, 192 (28-30): 3163-3177.

[13] Chessa J, Wang H W, Belytschko T. On the Construction of Blending Elements for Local Partition of Unity Enriched Finite Elements [J]. International Journal for Numerical Methods in Engineering, 2003, 57 (7): 1015-1038.

[14] Xiao Q Z, Karihaloo B L. Improving the Accuracy of XFEM Crack Tip Fields using Higher Order Quadrature and Statically Admissible Stress Recovery [J]. International Journal for Numerical Methods in Engineering, 2006, 66 (9): 1378-1410.

[15] Laborde P, Pommier J, Renard Y, Salaün M. High Order Extended Finite Element Method for Cracked Domains [J]. International Journal for Numerical Methods in Engineering, 2006, 64 (3): 354-381.

[16] Bordas S, Duflot M. Derivative Recovery and a Posteriori Error Estimation in Extended Finite Element Methods [J]. Computer Methods in Applied Mechanics and Engineering, 2007, 196 (35-36): 3381-3389.

[17] Bordas S, Duflot M, Le P. A Simple Error Estimator for Extended Finite Elements [J]. Communication in Numerical Methods in Engineering, 2008, 24 (11): 961-971.

[18] Duflot M, Bordas S. A Posteriori Error Estimation for Extended Finite Elements by an Ex-

tended Global Recovery [J]. International Journal for Numerical Methods in Engineering, 2008, 76 (8): 1123-1138.

[19] Ródenas J J, González-Estrada O A, Tarancón J E, Fuenmayor F J. A Recovery-Type Error Estimator for the Extended Finite Element Method based on *Singular + Smooth* Stress Field Splitting [J]. International Journal for Numerical Methods in Engineering, 2008, 76 (4): 545-571.

[20] Yan Y H, Park S H. An Extended Finite Element Method for Modeling Near-Interfacial Crack Propagation in a Layered Structure [J]. International Journal of Solids and Structures, 2008, 45 (17): 4756-4765.

[21] Sukumar N, Huang Z Y, Prevost J H, Suo Z. Partition of Unity Enrichment for Bimaterial Interface Cracks [J]. International Journal of Numerical Methods in Engineering, 2004, 59 (8): 1075-1102.

[22] Moës N, Belytschko T. Extended Finite Element Method for Cohesive Crack Growth [J]. Engineering Fracture Mechanics, 2002, 69 (7): 813-833.

[23] Alfaiate J, Simone A, Sluys L J. Non-Homogeneous Displacement Jumps in Strong Embedded Discontinuities [J]. International Journal of Solids and Structures, 2003, 40 (21): 5799-5871.

[24] Remmers J, Borst R, Needleman A. A Cohesive Segments Method for the Simulation of Crack Growth [J]. Computational Mechanics, 2003, 31 (1-2): 69-77.

[25] Xiao Q Z, Karihaloo B L, Liu X Y. Incremental-Secant Modulus Iteration Scheme and Stress Recovery for Simulating Cracking Process in Quasi-Brittle Materials using XFEM [J]. International Journal of Numerical Methods in Engineering, 2007, 69 (12): 2606-2635.

[26] Comi C, Mariani S, Perego U. An Extended FE Strategy for Transition from Continuum Damage to Mode I Cohesive Crack Propagation [J]. International Journal of Numerical Analysis Method in Geomechanics, 2007, 31 (2): 213-238.

[27] Chen H, Gerlach C, Belytschko T. Dynamic Crack Growth with X-FEM [C]. In: 6th USACM Conference Proceedings, Dearborn, 2001.

[28] Belytschko T, Hao H, Xu J, Zi G. Dynamic Crack Propagation Based on Loss of Hyperbolicity and a New Discontinuous Enrichment [J]. International Journal of Numerical Methods in Engineering, 2003, 58 (12): 1873-1905.

[29] Réthoré J, Gravouil A, Combescure A. An Energy-Conserving Scheme for Dynamic Crack Growth using the Extended Finite Element Method [J]. International Journal for Numerical Methods in Engineering, 2005, 63 (5): 631-659.

[30] Grégoire D, Maigre H, Réthoré J, A. Combescure. Dynamic Crack Propagation under Mixed Mode Loading: Comparison between Experiments and X-FEM Simulations [J]. International Journal of Solids and Structure, 2007, 44 (20): 6517-6534.

[31] Motamedi D, Mohammadi S. Dynamic Crack Propagation Analysis of Orthotropic Media by the Extended Finite Element Method [J]. International Journal of Fracture, 2010, 161 (1): 21-39.

[32] Nishioka T, Tokudome H, Kinoshita M. Dynamic Fracture-Path Prediction in Impact Fracture Phenomena using Moving Finite Element Method based on Delaunay Automatic Mesh Generation [J]. International Journal of Solids and Structures, 2001, 38 (30-31): 5273-5301.

[33] Nistor I, Pantalé O, Caperaa S. Numerical Implementation of the Extended Finite Ele-

ment Method for Dynamic Crack Analysis [J]. Advances in Engineering Software, 2008, 39 (7): 573-587.

[34] Elguedj T, Gravouil A, Maigre H. An Explicit Dynamics Extended Finite Element Method. Part 1: Mass Lumping for Arbitrary Enrichment Functions [J]. Computer Methods in Applied Mechanics and Engineering, 2009, 198 (30-32): 2297-2317.

[35] Elguedj T, Gravouil A, Maigre H. An Explicit Dynamics Extended Finite Element Method. Part 2: Element-by-Element Stable-Explicit/Explicit Dynamic Scheme [J]. Computer Methods in Applied Mechanics and Engineering, 2009, 198 (30-32): 2318-2328.

[36] Prabel B, Marie S, Combescure A. Using the X-FEM Method to Model the Dynamic Propagation and Arrest of Cleavage Cracks in Ferritic Steel [J]. Engineering Fracture Mechanics, 2008, 75 (10): 2984-3009.

[37] Giner E, Sukumar N, Tarancón J E, Fuenmayor F J. An Abaqus Implementation of the Extended Finite Element Method [J]. Engineering Fracture Mechanics, 2009, 76: 347-368.

[38] Zhuang Z, Cheng B B. A novel enriched CB shell element method for simulating arbitrary crack growth in pipes [J]. Science China Physics, Mechanics and Astronomy, 2011, 54: 1520-1531.

[39] 方修君, 金峰. 基于ABAQUS平台的扩展有限法 [J]. 工程力学, 2007, 24 (7): 6-10.

[40] 金峰, 方修君. 扩展有限元法及与其它数值方法的联系 [J]. 工程力学, 2008, 25 (SI): 1-17.

[41] 余天堂. 扩展有限元法的数值方面 [J]. 岩土力学, 2007, 28 (增刊): 305-310.

[42] 董玉文, 余天堂, 任青文. 直接计算应力强度因子的扩展有限元法 [J]. 计算力学学报, 2008, 25 (1): 72-77.

[43] 李建波, 陈健云, 林皋. 非网格重剖分模拟宏观裂纹体的扩展有限单元法 I: 基础理论 [J]. 计算力学学报, 2006, 23 (2): 207-213.

[44] 李建波, 陈健云, 林皋. 非网格重剖分模拟宏观裂纹体的扩展有限单元法 II: 数值实现 [J]. 计算力学学报, 2006, 23 (3): 317-323.

[45] 郭历伦, 陈忠富, 罗景润, 陈刚. 扩展有限元法及应用综述 [J]. 力学季刊, 2011, 32 (4): 612-625.

[46] Rice J R. A Path Independent Integral and the Approximate Analysis of Strain Concentration by Notches and Cracks [J]. Journal of Applied Mechanics, 1968, 35 (2): 379-386.

[47] Stern M, Becker E B, Dunham R S. A Contour Integral Computation of Mixed-Mode Stress Intensity Factors [J]. International Journal of Fracture, 1976, 12 (3): 359-368.

[48] Dolbow J E, Gosz M. On the Computation of Mixed-Mode Stress Intensity Factors in Functionally Graded Materials [J]. International Journal of Solids and Structures, 2002, 39 (9): 2557-2574.

[49] Yu H J, Wu L Z, Guo L C, Du S Y, He Q L. Investigation of Mixed-Mode Stress Intensity Factors for Nonhomogeneous Materials using an Interaction Integral Method [J]. International Journal of Solids and Structures, 2009, 46 (20): 3710-3724.

[50] Yu H J, Wu L Z, Guo L C, He Q L, Du S Y. Interaction Integral Method for the Interfacial Fracture Problems of Two Nonhomogeneous Materials [J]. Mechanics of

Materials, 2010, 42 (4): 435-450.

[51] Yu H J, Wu L Z, Guo L C, Wu H P, Du S Y. An Interaction Integral Method for 3D Curved Cracks in Nonhomogeneous Materials with Complex Interfaces [J]. International Journal of Solids and Structures, 2010, 47 (16): 2178-2189.

[52] Wu L Z, Yu H J, Guo L C, He Q L, Du S Y. Investigation of Stress Intensity Factors for an Interface Crack in Multi-Interface Materials using an Interaction Integral Method [J]. Journal of Applied Mechanics, 2011, 78 (6): 78-061007.

[53] Yu H J, Wu L Z, Guo L C, Li H, Du S Y. T-stress Evaluations for Nonhomogenous Materials using an Interaction Integral Method [J]. International Journal for Numerical Methods in Engineering, 2012, 90 (11): 3301-3315.

[54] Kim J H, Paulino G H. Consistent Formulations of the Interaction Integral Method for Fracture of Functionally Graded Materials [J]. Journal of Applied Mechanics, 2005, 72 (3): 351-364.

[55] Song S H, Paulino G H. Dynamic Stress Intensity Factors for Homogeneous and Smoothly Heterogeneous Materials using the Interaction Integral Method [J]. International Journal of Solids and Structures, 2006, 43 (16): 4830-4866.

[56] Réthoré J, Gravouil A, Combescure A. An Energy-Conserving Scheme for Dynamic Crack Growth using the Extended Finite Element Method [J]. International Journal for Numerical Methods in Engineering, 2005, 63 (5): 631-659.

[57] Rao B N, Rahman S. An Interaction Integral Method for Analysis of Cracks in Orthotropic Functionally Graded Materials [J]. Computational Mechanics, 2003, 32 (1-2): 40-51.

[58] Walters M C, Paulino G H, Dodds R H. Interaction Integral Procedures for 3-D Curved Cracks including Surface Tractions [J]. Engineering Fracture Mechanics, 2005, 72 (11): 1635-1663.

[59] Walters M C, Paulino G H, Dodds R H. Computations of Mixed Mode Stress Intensity Factors for Cracks in Three Dimensional Functionally Graded Solids [J]. Journal of Engineering Mechanics, 2006, 132 (1): 1-15.

[60] Kim J H. Interaction Integrals for Thermal Fracture of Functionally Graded Materials [J]. Engineering Fracture Mechanics, 2008, 75 (8): 2542-2565.

[61] Johnson J, Qu J M. An Interaction Integral Method for Computing Mixed-Mode Stress Intensity Factors for Curved Biomaterial Interface Cracks in Non-Uniform Temperature Fields [J]. Engineering Fracture Mechanics, 2007, 74 (14): 2282-2291.

[62] Krysl P, Belytschko T. The Element Free Galerkin Method for Dynamic Propagation of Arbitrary 3D Cracks [J]. International Journal for Numerical Methods in Engineering, 1999, 44 (6): 767-800.

[63] Erdogan F, Sih G C. On the Crack Extension in Plates Under Plane Loading and Transverse Shear [J]. Journal of Basic Engineering, 1963, 85 (4): 527.

[64] Hussain M, Pu S L, Underwood J. Strain Energy Release Rate for a Crack Under Combined Mode I and Mode II. Proceeding of the national symposium on fracture mechanics, 1973.

[65] Sih G C. Strain-energy-density factor applied to mixed mode crack problems [J]. International Journal of Fracture, 1974, 10 (3): 305-321.

[66] 隋世娥. 混凝土断裂力学 [M]. 北京：科学出版社，2011.

[67] Smith D J, Ayatollahi M R, Pavier M J. The role of T-stress in brittle fracture for line-

ar elastic materials under mixed-mode loading [J]. Fatigue &; Fracture of Engineering Materials &; Structures, 2001, 24 (2): 137-150.

[68] Ayatollahi M R, Aliha M R M. On the use of Brazilian disc specimen for calculating mixed mode Ⅰ-Ⅱ fracture toughness of rock materials [J]. Engineering Fracture Mechanics, 2008, 75 (16): 4631-4641.

[69] Ayatollahi M R, Akbardoost J. Size effects on fracture toughness of quasi-brittle materials-A new approach [J]. Engineering Fracture Mechanics, 2012, 92: 89-100.

[70] Akbardoost J, Ayatollahi M R. Experimental analysis of mixed mode crack propagation in brittle rocks: The effect of non-singular terms [J]. Engineering Fracture Mechanics, 2014, 129: 77-89.

[71] Ayatollahi M R, Moghaddam M R, Berto F. A generalized strain energy density criterion for mixed mode fracture analysis in brittle and quasi-brittle materials [J]. Theoretical &; Applied Fracture Mechanics, 2015, 79: 70-76.

[72] Wang T C, Stahle P. Stress State in front of a Crack Perpendicular to Bimaterial Interfaces [J]. Engineering Fracture Mechanics, 1998, 59 (4): 471-485.

[73] Johan H. Stress Intensity Factors for a Crack in front of an Inclusion [J]. Engineering Fracture Mechanics, 1999, 64 (1): 245-253.

[74] Wang Y B, Chau K T. A new Boundary Element Method for Mixed Boundary Value Problems involving Cracks and Holes: Interactions between Rigid Inclusions and Cracks [J]. International journal of Fracture, 2001, 110 (4): 387-406.

[75] England A H. An Arc Crack around a Circular Elastic Inclusion [J]. Journal of Applied Mechanics, 1966, 36 (3): 637-640.

[76] Perlman A B, Sih G C. Elastostatic Problems of Curvilinear Cracks in Bonded Dissimilar Materials [J]. International Journal of Engineering Science, 1967, 5 (11): 845-867.

[77] Toya M. A Crack along Interface of a Circular Inclusion Embedded in an Infinite Solid [J]. Journal of the Mechanics and Physics of Solids, 1974, 22 (4): 325-348.

[78] Toya M. Debonding along the Interface of an Elliptic Rigid Inclusion [J]. International Journal of Fracture, 1975, 11 (6): 989-1002.

[79] Varna J, París F. The Effect of Crack-Face Contact on Fiber/Matrix Debonding in Transverse Tensile Loading [J]. Composites Science and Technology, 1997a, 57 (5): 523-532.

[80] Varna J, Berglund L A, Ericson M L. Transverse Single Fibre Test for Interfacial Debonding in Composites: II, Modeling [J]. Composites Part A, 1997b, 28 (4): 317-326.

[81] Prasad P B N, Simha K R Y. Interface Crack around Circular Inclusion: SIF, Kinking, Debonding Energetics [J]. Engineering Fracture Mechanics, 2003, 70 (2): 285-307.

[82] Kushch V I, Shmegera S V. Elastic Interaction of Partially Debonded Circular Inclusions: Theoretical solution [J]. International Journal of Solids and Structures, 2010, 47 (14-15): 1961-1971.

[83] Hutchinson J W, Suo Z. Mixed Mode Cracking in Layered Materials [J]. Advances in Applied Mechanics, 1992, 29 (1): 63-191.

[84] París F, Correa E, Mantic V. Kinking of Transversal Interface Cracks between Fiber and Matrix [J]. Journal of Applied Mechanics, 2007, 74 (4): 703-716.

[85] Varna J, París F, Caño J C. The Effect of Crack-Face Contact and Fibre/Matrix Debonding in Transverse Tensile Loading [J]. Composite Science and Technology,

1997，57（5）：523-532.

[86] Mantic V，París F. Relation between SIF and ERR based Measures of Fracture Mode Mixty in Interface Cracks [J]. International Journal of Fracture，2004，130（2）：557-569.

[87] París F，Correa E，Cañas J C. Micromechanical View of Failure of the Matrix in Fibrous Composite Materials [J]. Composite Science and Technology，2003，63（7）：1041-1052.

[88] Khludnev A. Optimal Control of Crack Growth in Elastic Body with Inclusions [J]. European Journal of Mechanics A-solids，2010，29（3）：392-399.

裂尖局部网格替代的扩展有限元法及其应用

第 2 章 基础理论

　　断裂力学中的裂纹是宏观、肉眼可见的缺陷。断裂力学的主要研究内容包括裂纹的起裂条件、裂纹在外部载荷作用下的扩展过程和裂纹扩展到什么程度物体会发生断裂，因此可被用于材料或结构的危险性评估和寿命预测。线弹性断裂力学是断裂力学的一个重要分支，它用弹性力学的线性理论对裂纹体进行力学分析，并采用由此求得的某些特征参量，如应力强度因子和能量释放率等作为判断裂纹扩展的准则。采用数值方法计算时，基本特点都是在获得基本场之后对有限元分析的结果进行后处理，以得到所需要的断裂参数。计算过程或繁或简，但有限元计算和断裂参数提取依次进行，也可以认为二者是相互独立的。为了更好地帮助读者理解和运用裂尖局部网格替代的扩展有限元法（XFEM-based Local Mesh Replacement Method，LMR-XFEM），本章将简明扼要地介绍与之相关的基础理论，包括线弹性断裂力学和采用有限元法计算裂纹问题的一些经典理论与方法。另外，还将着重介绍奇异单元的类型、用法及其在商业软件 ABAQUS 中的设置过程。

2.1　线弹性断裂力学基础

　　实际固体中存在的缺陷是多种多样的，例如可能是冶炼过程中产生的夹渣、气孔，加工中引起的刀痕、刻槽，焊接时产生的裂缝、未焊透、气孔、咬边、过烧、夹杂物，铸件中的缩孔、疏松，以及结构在不同环境中使用时产生的腐蚀和疲劳裂纹。在断裂力学中，常把这些缺陷都简化并统称为"裂纹"。

按照表现形式可以将裂纹进行如下分类。

2.1.1 裂纹的分类

2.1.1.1 按照裂纹的几何特征分类

裂纹按照几何特征分类如图 2-1 所示。

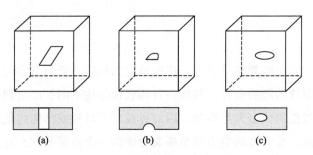

图 2-1 裂纹按照几何特征分类

(1) 穿透裂纹

厚度方向贯穿的裂纹 [图 2-1(a)]。

(2) 表面裂纹

深度和长度皆在构件的表面，常简化为半椭圆裂纹 [图 2-1(b)]。

(3) 深埋裂纹

裂纹的三维尺寸都在构件内部，常简化为椭圆裂纹 [图 2-1(c)]。

2.1.1.2 按照裂纹的受力和断裂特征分类

按照加载方式对裂纹进行分类如图 2-2 所示。

(1) 张开型 (Ⅰ型, opening mode 或 tensile mode)

外加拉应力垂直于裂纹面和裂纹扩展的前沿线。在外力的作用下，裂纹沿原裂纹开裂方向扩展。它通常是一种最为危险同时也是研究最为深入的断裂模式。

(2) 滑开型 (Ⅱ型, sliding mode 或 in-plane shear mode)

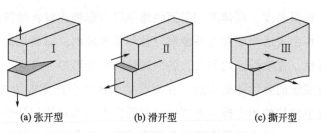

(a) 张开型　　　　　　　　(b) 滑开型　　　　　　　　(c) 撕开型

图 2-2　按照加载方式对裂纹进行分类

外加剪应力平行于裂纹面，但垂直于裂纹扩展的前沿线。在外力的作用下，裂纹沿原裂纹开裂方向成一定角度扩展。

（3）撕开型（Ⅲ型，tearing mode 或 anti-plane shear mode）

外加剪应力平行于裂纹面，也平行于裂纹扩展的前沿线；使裂纹面错开。在外力的作用下，裂纹基本上沿原裂纹开裂方向扩展。Ⅲ型是比较简单的一种受力方式，分析起来较容易，又称反平面问题。

（4）混合型（复合型，mixed mode）

拉应力与剪应力同时存在，实际问题多是Ⅰ+Ⅱ、Ⅰ+Ⅲ、Ⅰ+Ⅱ+Ⅲ 等基本模式的组合。

2.1.1.3　按照裂纹形状分类

根据裂纹的真实形状，一般可以分为圆形、椭圆形、表面半圆形、表面半椭圆形以及贯穿直裂纹等。另外，通常用所处理问题的维数来描述裂纹在空间的构型，如平面内的裂纹叫作二维裂纹，空间内的裂纹叫作三维裂纹。还可将裂纹划分为线状裂纹和面状裂纹两个大类。线状裂纹通常由一个点，即裂纹尖端来描述。如果线状裂纹处于一个平面内，是二维问题；如果线状裂纹处于空间中，则是三维问题。面状裂纹通常由一条线及裂纹前沿来描述。如果一个面状裂纹处于一个平面内，该面状裂纹为平面裂纹，否则为一个曲面裂纹。沿管道方向扩展的裂纹可以简化为线状裂纹，复合材料中的分层则是典型的面状裂纹，裂纹形式需要根据工程结构的实际情况进行有效简化。

2.1.2　裂纹尖端的应力场和应力强度因子

材料力学、弹性力学研究的是连续材料的力学行为。通常可以用屈服强度、极限强度、延伸率和断面收缩率等指标描述材料的静态拉伸力学性能，再引入适当的安全系数制订拉伸强度准则。需满足的基本假设包括线弹性、连续性、均匀性、各向同性和小变形等。

含有裂纹的弹性体受力后，在裂纹尖端区域会产生应力集中现象。例如，受单向拉伸的方板，无裂纹时它的应力流线是均匀分布的。当存在一个裂纹时，应力流线在裂纹尖端附近高度密集，但这种集中是局部性的，离裂纹尖端稍远处应力分布又趋于正常。从应力集中的观点也可以一定程度上解释固体材料的实际断裂强度为什么远低于其理论强度。许多断裂力学的教科书或手册[1-4]中均可以找到针对完全脆性材料，例如玻璃或者陶瓷，适用的 Griffith 理论；以及 Orowan 在此基础上针对金属等延性材料裂纹扩展的理论：引起裂纹扩展的弹性应变能，一部分转化为形成新的表面所需的能量；另一部分转化为引起塑性变形所需的能量，即"塑性功"。此外，Irwin 提出一个参数——应力强度因子（Stress Intensity Factors，SIFs）。该参数取值有限，可以用于表征裂尖附近应力场强度，进而可以用于判断裂纹是否扩展。

另外，许多力学家和数学家相继发现了裂纹尖端附近的应力奇异性，如图 2-3 所示。图中，a 为裂纹半长。

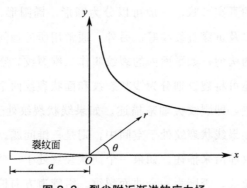

图 2-3 裂尖附近渐进的应力场

在裂尖局部极坐标系 (r,θ) 中，应力场满足如下关系式：

$$\sigma_{ij}(r,0)\propto 1/\sqrt{r}\,(r\to 0) \tag{2-1}$$

根据这一特性，应力强度因子（K）可以表示为：

$$K=\lim_{r\to 0}\sqrt{2\pi r}\,\sigma_{yy}(r,0) \tag{2-2}$$

式中　σ_{yy}——裂纹前端垂直于裂纹方向的应力分量。

线弹性断裂力学即为围绕应力强度因子开展的各类分析。通过实验可以测出不同材料裂纹开始扩展时的 K 值，其中 K_c 被称为断裂韧性。断裂韧性表征材料阻止裂纹扩展的能力，是度量材料韧性好坏的一个量化指标。当裂纹尺寸一定时，材料的断裂韧性值越大，使裂纹失稳扩展所需的临界应力就越大；当外力一定时，材料的断裂韧性值越大，使裂纹达到失稳扩展时的裂纹临界尺寸就越大。将 K 值与其临界值 K_c 做比较可以判断裂纹是否扩展，这就是 K 准则。此处不再赘述不同裂纹模式下应力强度因子的解析解，读者可以查阅相关书籍资料获得。下面给出一个典型的例子。

考虑如图 2-4 所示的宽度有限的中心裂纹板，板的高度、宽度和厚度分别用 $2H$、$2W$ 和 B 来表示。裂纹的总长为 $2a$，在板的远处承受均布的拉伸载荷 σ。假设板的材料符合各向同性、均匀和线弹性假设，弹性模量和泊松比分别用 E 和 υ 表示。

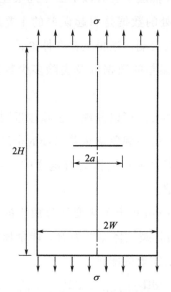

图 2-4　含中心裂纹的有限矩形板

这是一个典型的 I 型裂纹问题，很容易从参考资料或断裂力学手册中找到其所对应的应力强度因子 K_{I} 的计算公式：

$$K_{\mathrm{I}} = \sigma\sqrt{\pi a}\sqrt{\sec\frac{\pi a}{2W}\left[1 - 0.025\left(\frac{a}{W}\right)^2 + 0.06\left(\frac{a}{W}\right)^4\right]} \qquad (2\text{-}3)$$

可以发现，当 $a/W \to 0$ 时，应力强度因子趋于无限大含裂纹板的值，即 $K_I \to \sigma\sqrt{\pi a}$；当 $a/W \to 1$ 时，$K_I \to \infty$。在绝大部分取值范围内，公式中的高次多项式部分对整体的贡献很小，通常可以忽略不计。经过和不同理论公式对比，已经证明式 (2-3) 计算这类边裂纹问题是有效的。

计算获得应力强度因子之后，即可根据材料的断裂韧性确定这一工况下临界的裂纹尺寸或荷载[1,2]。另外，经过分析证明，对于各向同性的、均匀的、线弹性材料而言，应力强度因子 K_I 和能量释放率 G_I 有以下关系：

$$G_I = \frac{K_I^2}{\overline{E}} \qquad (2-4)$$

对于平面应力状态，$\overline{E} = E$；而对于平面应变状态，$\overline{E} = E/(1-\upsilon^2)$。以上为一断裂力学经典实例。当面对形状更为一般的试件或一般加载条件下的裂纹问题时，最为直接的方法是基于单元应力或单元位移的外推法。

运用基于应力的外推法主要有以下 2 个局限性：

① 靠近裂纹尖端处的数据是引起误差的主要原因，但是在分析断裂时应该更多关注裂纹尖端，逻辑上存在悖论；

② 如何去除引起误差的数据以及去除多少数据会因人而异，因此具有不确定性。

运用基于位移的外推法可以发现，去除接近裂纹尖端的数据反而能增加计算结果的精度。这一现象意味着远场的全局性分析可能更有利于断裂参数的计算，而能量方法恰恰具有这样的特点，例如 J 积分法将在第 5 章中做详细介绍。

还需提到的是，Irwin 提出了应变能释放率的概念：考虑一个二维裂纹体，裂纹长度为 a，裂纹体厚度为 B，能量释放率 G 定义为产生面积为 ΔA 的新裂纹面所需要的能量：

$$G = -\frac{d\Pi}{dA} = -\lim_{\Delta A \to 0}\frac{\Delta\Pi}{\Delta A} = -\lim_{\Delta a \to 0}\frac{\Delta\Pi}{B\,\Delta a} \qquad (2-5)$$

式中　Π——势能，$\Pi = U - W$；

　　　W——外力功；

　　　U——裂纹体应变能。

式 (2-5) 中可以发现，能量释放率的计算要求裂纹扩展增量趋近于 0，显然在有限元分析时这个极限不能达到。此时，工程师常常采用虚拟裂纹闭合法进行计算[3]。

2.1.3　几种线弹性断裂力学准则

1957 年，Williams[13] 依据均匀承载的、含裂纹的无限大平板中裂尖的应力分布，如图 2-5 所示，给出了裂尖渐进应力场的级数表达式：

$$\sigma_{rr} = \sum_{n=1}^{\infty} \frac{n}{2} A_n r^{\frac{n}{2}-1} \left\{ \left[\frac{n}{2} - (-1)^n \right] \cos\left(\frac{n}{2} + 1 \right) \theta - \left(\frac{n}{2} - 3 \right) \cos\left(\frac{n}{2} - 1 \right) \theta \right\}$$
$$+ \sum_{n=1}^{\infty} \frac{n}{2} B_n r^{\frac{n}{2}-1} \left\{ \left[\frac{n}{2} - (-1)^n \right] \sin\left(\frac{n}{2} + 1 \right) \theta - \left(\frac{n}{2} - 3 \right) \sin\left(\frac{n}{2} - 1 \right) \theta \right\}$$

$$(2-6)$$

$$\sigma_{\theta\theta} = \sum_{n=1}^{\infty} \frac{n}{2} A_n r^{\frac{n}{2}-1} \left\{ \left[\frac{n}{2} + 1 \right] \cos\left(\frac{n}{2} + 1 \right) \theta - \left[\frac{n}{2} + (-1)^n \right] \cos\left(\frac{n}{2} + 1 \right) \theta \right\}$$
$$+ \sum_{n=1}^{\infty} \frac{n}{2} B_n r^{\frac{n}{2}-1} \left\{ \left[\frac{n}{2} + 1 \right] \sin\left(\frac{n}{2} + 1 \right) \theta - \left[\frac{n}{2} - (-1)^n \right] \sin\left(\frac{n}{2} + 1 \right) \theta \right\}$$

$$(2-7)$$

$$\tau_{r\theta} = \sum_{n=1}^{\infty} \frac{n}{2} A_n r^{\frac{n}{2}-1} \left\{ \left[\frac{n}{2} + (-1)^n \right] \sin\left(\frac{n}{2} + 1 \right) \theta - \left(\frac{n}{2} - 1 \right) \sin\left(\frac{n}{2} - 1 \right) \theta \right\}$$
$$+ \sum_{n=1}^{\infty} \frac{n}{2} B_n r^{\frac{n}{2}-1} \left\{ \left[\frac{n}{2} - 1 \right] \cos\left(\frac{n}{2} - 1 \right) \theta - \left[\frac{n}{2} - (-1)^n \right] \cos\left(\frac{n}{2} + 1 \right) \theta \right\}$$

$$(2-8)$$

式中　σ_{rr}、$\sigma_{\theta\theta}$ 和 $\tau_{r\theta}$——极坐标下一点的 3 个应力分量，如图 2-5 所示；

　　　　r、θ——极坐标的 2 个分量；

　　　　A_n、B_n——裂尖应力场强度的参数。

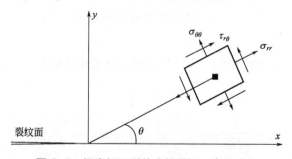

图 2-5　极坐标下裂纹尖端附近一点的应力

因此，Williams 级数的前一二阶系数 A_1、B_1 和 A_2 是表示裂纹尖端应力场强度的量，A_1、B_1 对应于应力强度因子 K_{I}、K_{II}，A_2 对应 T 应力，有：

$$K_{\mathrm{I}} = \sqrt{2\pi} A_1$$

$$K_{\mathrm{II}} = \sqrt{2\pi} B_1$$

$$T = 4A_2 \tag{2-9}$$

应力强度因子对应 Williams 级数解中第一阶的奇异应力项，与裂纹、构件的几何特征以及载荷、边界条件等直接相关。T 应力对应裂纹尖端非奇异应力的第一阶量。某些情况下，它对裂纹的起裂和扩展也有着重要的影响。T 应力存在于裂纹尖端，且方向平行于裂纹面。

(1) 最大切向应力准则

对于均匀承载的、含裂纹的无限大平板，裂纹尖端的应力分量可以描述为：

$$\sigma_x = \frac{K_{\mathrm{I}}}{\sqrt{2\pi r}} \cos\frac{\theta}{2} \left(1 - \sin\frac{\theta}{2}\sin\frac{3\theta}{2}\right) - \frac{K_{\mathrm{II}}}{\sqrt{2\pi r}} \sin\frac{\theta}{2} \left(2 + \cos\frac{\theta}{2}\cos\frac{3\theta}{2}\right) \tag{2-10}$$

$$\sigma_y = \frac{K_{\mathrm{I}}}{\sqrt{2\pi r}} \cos\frac{\theta}{2} \left(1 + \sin\frac{\theta}{2}\sin\frac{3\theta}{2}\right) + \frac{K_{\mathrm{II}}}{\sqrt{2\pi r}} \sin\frac{\theta}{2}\cos\frac{\theta}{2}\cos\frac{3\theta}{2} \tag{2-11}$$

$$\tau_{xy} = \frac{K_{\mathrm{I}}}{\sqrt{2\pi r}} \cos\frac{\theta}{2}\sin\frac{\theta}{2}\cos\frac{3\theta}{2} + \frac{K_{\mathrm{II}}}{\sqrt{2\pi r}} \cos\frac{\theta}{2} \left(1 - \sin\frac{\theta}{2}\sin\frac{3\theta}{2}\right) \tag{2-12}$$

对于平面应力问题 $\sigma_z = 0$；对于平面应变问题 $\sigma_z = 2\nu \dfrac{K_{\mathrm{I}}}{\sqrt{2\pi r}} \cos\dfrac{\theta}{2} - 2\nu \dfrac{K_{\mathrm{II}}}{\sqrt{2\pi r}} \sin\dfrac{\theta}{2}$，$\nu$ 为泊松比。由坐标转换，极坐标下的裂尖切向拉应力可以描述为：

$$\sigma_\theta = \frac{1}{\sqrt{2\pi r}} \cos\frac{\theta}{2} \left[\frac{K_{\mathrm{I}}}{2}(1 + \cos\theta) - \frac{3K_{\mathrm{II}}}{2}\sin\theta\right] \tag{2-13}$$

最大切向应力准则的基本要求为：

　　① 裂纹沿着最大切向应力强度因子方向起裂；

　　② 当裂尖临界距离处的最大切向应力强度因子达到临界值时，裂纹失稳扩展。

　　引入一个变量标记为 K_θ：

$$K_\theta = \lim_{r \to 0} \sqrt{2\pi\sigma_\theta} = \cos\frac{\theta}{2} \left[\frac{K_\mathrm{I}}{2}(1+\cos\theta) - \frac{3K_\mathrm{II}}{2}\sin\theta \right] \quad (2\text{-}14)$$

即：

$$\sigma_\theta = \frac{1}{\sqrt{2\pi r}} K_\theta \quad (2\text{-}15)$$

根据该准则的基本要求①，起裂角 θ_0 可由 K_θ 取极大值确定：

$$\left. \frac{\partial K_\theta}{\partial \theta} \right|_{\theta = \theta_0} = 0 \; ; \quad \left. \frac{\partial^2 K_\theta}{\partial \theta^2} \right|_{\theta = \theta_0} < 0 \quad (2\text{-}16)$$

可得：

$$\begin{cases} K_\mathrm{I} \sin\theta_0 - K_\mathrm{II}(3\cos\theta_0 - 1) = 0 \\ K_\mathrm{I} \cos\dfrac{\theta_0}{2}(1 - 3\cos\theta_0) + K_\mathrm{II} \sin\dfrac{\theta_0}{2}(9\cos\theta_0 + 5) < 0 \end{cases} \quad (2\text{-}17)$$

根据该准则基本要求②，可以获得：

$$K_{\theta\max} = \cos\frac{\theta_0}{2} \left[K_\mathrm{I} \cos^2\frac{\theta_0}{2} - \frac{3K_\mathrm{II}}{2}\sin\theta_0 \right] = K_{\theta C} \quad (2\text{-}18)$$

式中　$K_{\theta C}$——材料的断裂韧性。

　　式（2-18）就是最大切向应力准则的判据，其特点是形式简单，使用方便。

　　（2）最小应变能密度因子准则

　　对于均匀承载的、含裂纹的无限大平板，反平面剪切型裂纹（Ⅲ型裂纹）的裂尖附近应力场分布为：

$$\begin{cases} \tau_{zy} = \dfrac{K_\mathrm{III}}{\sqrt{2\pi r}} \cos\dfrac{\theta}{2} \\ \tau_{zx} = -\dfrac{K_\mathrm{III}}{\sqrt{2\pi r}} \sin\dfrac{\theta}{2} \end{cases} \quad (2\text{-}19)$$

式中　$K_\mathrm{III} = S_y\sqrt{\pi a}$，$K_\mathrm{III}$ 取决于反对称面载荷 S_y 与裂纹半长 a。

弹性体内存储的应变能密度 W 可以表示为：

$$W=\frac{1}{2E}(\sigma_x^2+\sigma_y^2+\sigma_z^2)-\frac{\nu}{E}(\sigma_x\sigma_y+\sigma_y\sigma_z+\sigma_z\sigma_x)+\frac{1}{2G}(\tau_{xy}^2+\tau_{yz}^2+\tau_{zx}^2)$$

$$(2\text{-}20)$$

式中　G——材料的切变模量。

距离裂尖 r 处的应变能密度为：

$$S=Wr=a_{11}K_\text{I}^2+2a_{12}K_\text{I}K_\text{II}+a_{22}K_\text{II}^2+a_{33}K_\text{III}^2 \qquad (2\text{-}21)$$

$$a_{11}=\frac{1}{16\pi G}(1+\cos\theta)(k-\cos\theta)$$

$$a_{12}=\frac{1}{16\pi G}\sin\theta(2\cos\theta-k+1)$$

$$a_{22}=\frac{1}{16\pi G}[(k+1)(1-\cos\theta)+(1+\cos\theta)(3\cos\theta-1)] \qquad (2\text{-}22)$$

$$a_{33}=\frac{1}{4\pi G}$$

式中　k——Kolosov 常量，对于平面应力问题 $k=\dfrac{3-\nu}{1+\nu}$；另外，对于平面应变问题 $k=3-4\nu$。

最小应变能密度因子准则的基本要求是：

① 裂纹沿着最小应变能密度因子的方向起裂；

② 当裂尖临界距离处的最小应变能密度因子达到其临界值时裂纹失稳扩展。

根据该准则基本要求①，起裂角 θ_0 可由 S 取极小值确定：

$$\left.\frac{\partial S}{\partial\theta}\right|_{\theta=\theta_0}=0;\ \left.\frac{\partial^2 S}{\partial\theta^2}\right|_{\theta=\theta_0}>0 \qquad (2\text{-}23)$$

根据该准则的基本要求②，可以得到：

$$S_{\min}=S(\theta_0)=a_{11}K_\text{I}^2+2a_{12}K_\text{I}K_\text{II}+a_{22}K_\text{II}^2+a_{33}K_\text{III}^2=S_{\min C}$$

$$(2\text{-}24)$$

式中　$S_{\min C}$——最小应变能密度因子的临界值，可认为是材料常数。

式（2-24）就是最小应变能密度因子准则的判据。

（3）最大能量释放率准则

对于均匀承载的、含裂纹的无限大平板，裂纹尖端附近的应力分布的极坐标形式为：

$$\sigma_\theta = \frac{1}{2\sqrt{2\pi r}} \cos\frac{\theta}{2} [K_{\text{I}}(1+\cos\theta) - 3K_{\text{II}}\sin\theta] \tag{2-25}$$

$$\tau_r = \frac{1}{2\sqrt{2\pi r}} \cos\frac{\theta}{2} [K_{\text{I}}\sin\theta + K_{\text{II}}(3\cos\theta - 1)] \tag{2-26}$$

引入标记：

$$K_{1\theta} = \sigma_\theta\sqrt{2\pi r} = \frac{1}{2}\cos\frac{\theta}{2} [K_{\text{I}}(1+\cos\theta) - 3K_{\text{II}}\sin\theta] \tag{2-27}$$

$$K_{2\theta} = \tau_r\sqrt{2\pi r} = \frac{1}{2\sqrt{2\pi r}}\cos\frac{\theta}{2} [K_{\text{I}}\sin\theta + K_{\text{II}}(3\cos\theta - 1)] \tag{2-28}$$

然后，已知平面应变下应力强度因子和能量释放率之间的关系，将其推广到极坐标下，可得到裂纹沿 θ 方向扩展的能量释放率 G_θ，表述为：

$$G_\theta = \frac{1-\nu^2}{E}(K_{1\theta}^2 + K_{2\theta}^2) \tag{2-29}$$

最大能量释放率准则的基本要求是：

① 裂纹沿着最大能量释放率的方向开裂；

② 当裂纹尖端临界距离处的最大能量释放率达到其临界值时，裂纹失稳扩展。

根据该准则的基本要求①，起裂角 θ_0 可由 G_θ 取极小值的条件决定：

$$\left.\frac{\partial G_\theta}{\partial \theta}\right|_{\theta=\theta_0} = 0; \quad \left.\frac{\partial^2 G_\theta}{\partial \theta^2}\right|_{\theta=\theta_0} < 0 \tag{2-30}$$

即

$$K_{\text{I}}^2\sin\theta_0(1+\cos\theta_0) - 2K_{\text{I}}K_{\text{II}}(\sin^2\theta_0 - \cos^2\theta_0 - \cos\theta_0)$$
$$+ K_{\text{II}}^2\sin\theta_0(1 - 3\cos\theta_0) = 0 \tag{2-31}$$

根据该准则基本要求②，可以获得：

$$G_{\theta\max} = G_\theta(\theta_0)$$
$$= \frac{1-\nu^2}{4E}(1+\cos\theta_0)[K_{\text{I}}^2(1+\cos\theta_0) - 4K_{\text{I}}K_{\text{II}}\sin\theta_0 + K_{\text{II}}^2(5 - 3\cos\theta_0)]$$
$$= G_{\theta C} \tag{2-32}$$

式中 $G_{\theta C}$——最大能量释放率的临界值，可认为是材料常数。

式（2-32）就是最大能量释放率准则的判据。已有的研究表明，在线弹性范围内，最大能量释放率准则与最大切向应力准则是等价的；而最小应变能密度因子准则的计算结果往往稍小于前两者。

（4）修正的最大切向应力准则

在一定工况下，判断裂纹是否开裂和开裂的初始角度，除了考虑裂尖应力场的奇异项，还不能忽略其他非奇异项（Williams 展开式中的高阶项）。假定裂纹沿着垂直于最大切应力的方向 θ_0，在距离裂尖 r_c 处 $\sigma_{\theta\theta}$ 达到临界值 $\sigma_{\theta\theta c}$ 时，裂纹开始起裂。裂尖的切向应力可以表示为：

$$\sigma_{\theta\theta}(r,\theta) = \frac{3}{4}\frac{K_I}{\sqrt{2\pi r}}\left(\cos\frac{\theta}{2}+\frac{1}{3}\cos\frac{3\theta}{2}\right)+T\sin^2\theta+\frac{15}{4}r^{0.5}A_3\left(\cos\frac{\theta}{2}-\frac{1}{5}\cos\frac{5\theta}{2}\right)$$

$$-\frac{3}{4}\frac{K_{II}}{\sqrt{2\pi r}}\left(\sin\frac{\theta}{2}+\sin\frac{3\theta}{2}\right)+\frac{15}{4}r^{0.5}B_3\left(\sin\frac{\theta}{2}-\sin\frac{5\theta}{2}\right)+O(r)$$

$$(2\text{-}33)$$

式中 A_3 和 B_3——Williams 级数展开式中第三阶项的系数。

以岩石和混凝土中间接测量拉伸强度的混凝土巴西圆盘试件为例（可以参考第 1 章中文献 [69]），无量纲形式的 K_I、K_{II}、T、A_3 和 B_3 为：

$$K_I = \frac{P}{RB}\sqrt{2\pi R}K_I^* \tag{2-34}$$

$$K_{II} = \frac{P}{RB}\sqrt{2\pi R}K_{II}^* \tag{2-35}$$

$$T = \frac{4P}{RB}T^* \tag{2-36}$$

$$A_3 = \frac{P}{RB}\frac{1}{\sqrt{R}}A_3^* \tag{2-37}$$

$$B_3 = \frac{P}{RB}\frac{1}{\sqrt{R}}B_3^* \tag{2-38}$$

式中 P——施加的载荷；

B——试件厚度；

R——巴西圆盘试件半径。

将这些无量纲形式的项代入切向应力表达式（2-33），并忽略高阶项 $O(r)$ ，则有：

$$\sigma_{\theta\theta}(r_c,\theta)=\frac{K_{\mathrm{I}}}{\sqrt{2\pi r_c}}\left\{\frac{3}{4}\left(\cos\frac{\theta}{2}+\frac{1}{3}\cos\frac{3\theta}{2}\right)+\frac{4T^*}{K_{\mathrm{I}}^*}\sqrt{\frac{r_c}{R}}\sin^2\theta\right.$$

$$\left.+\frac{15A_3^*}{4K_{\mathrm{I}}^*}\frac{r_c}{R}\left(\cos\frac{\theta}{2}-\frac{1}{5}\cos\frac{5\theta}{2}\right)\right\}-$$

$$\frac{K_{\mathrm{II}}}{\sqrt{2\pi r_c}}\left\{\frac{3}{4}\left(\sin\frac{\theta}{2}+\sin\frac{3\theta}{2}\right)-\frac{15B_3^*}{4K_{\mathrm{II}}^*}\frac{r_c}{R}\left(\sin\frac{\theta}{2}-\sin\frac{5\theta}{2}\right)\right\}$$

$$(2\text{-}39)$$

此时的起裂角由 $\sigma_{\theta\theta}(r_c,\theta)$ 对 θ 的微分确定：

$$\frac{\partial\sigma_{\theta\theta}(r_c,\theta)}{\partial\theta}\bigg|_{\theta=\theta_0}=0 \qquad (2\text{-}40)$$

即

$$-\frac{3}{8}\sqrt{\frac{R}{r_c}}K_{\mathrm{I}}^*\left(\sin\frac{\theta_0}{2}+\sin\frac{3\theta_0}{2}\right)+4T^*(\sin2\theta_0)-\frac{15}{8}A_3^*\sqrt{\frac{r_c}{R}}\left(\sin\frac{\theta_0}{2}-\sin\frac{5\theta_0}{2}\right)$$

$$-\frac{3}{8}\sqrt{\frac{R}{r_c}}K_{\mathrm{II}}^*\left(\cos\frac{\theta_0}{2}+3\cos\frac{3\theta_0}{2}\right)+\frac{15}{8}\sqrt{\frac{r_c}{R}}B_3^*\left(\cos\frac{\theta_0}{2}-5\cos\frac{5\theta_0}{2}\right)=0$$

$$(2\text{-}41)$$

对岩石或混凝土材料而言，较容易发生拉伸破坏，所以通常把 $\sigma_{\theta\theta c}$ 假定为材料对应的抗拉强度 f_t ，于是当裂纹起裂时有：

$$\sigma_{\theta\theta}(r_c,\theta_0)=\frac{K_{\mathrm{I}f}}{\sqrt{2\pi r_c}}\left\{\frac{3}{4}\left(\cos\frac{\theta_0}{2}+\frac{1}{3}\cos\frac{3\theta_0}{2}\right)+\frac{4T^*}{K_{\mathrm{I}}^*}\sqrt{\frac{r_c}{R}}\sin^2\theta_0\right.$$

$$\left.+\frac{15A_3^*}{4K_{\mathrm{I}}^*}\frac{r_c}{R}\left(\cos\frac{\theta_0}{2}-\frac{1}{5}\cos\frac{5\theta_0}{2}\right)\right\}-$$

$$\frac{K_{\mathrm{II}f}}{\sqrt{2\pi r_c}}\left\{\frac{3}{4}\left(\sin\frac{\theta_0}{2}+\sin\frac{3\theta_0}{2}\right)-\frac{15B_3^*}{4K_{\mathrm{II}}^*}\frac{r_c}{R}\left(\sin\frac{\theta_0}{2}-\sin\frac{5\theta_0}{2}\right)\right\}=f_t$$

$$(2\text{-}42)$$

同时假定 $\dfrac{K_{\mathrm{I}f}}{K_{\mathrm{II}f}}=\dfrac{K_{\mathrm{I}}^*}{K_{\mathrm{II}}^*}$ ，结合式（2-42）可求解得到断裂阻力 $K_{\mathrm{I}f}$

和 K_{IIf}。

当发生纯 I 型断裂时，裂尖处的应力分量 $\sigma_{\theta\theta c}$ 为：

$$\sigma_{\theta\theta c} = f_t = \frac{K_{If}}{\sqrt{2\pi r_c}}\left(1 + 3\frac{A_3^*}{A_1^*}\frac{r_c}{R}\right) \tag{2-43}$$

由式（2-43）可以估算断裂过程区尺寸 r_c 的大小：

$$r_c = \left[\frac{f_t\sqrt{2\pi} \pm \sqrt{2\pi f_t^2 - 12\frac{A_3^*}{A_1^*}\frac{K_{If}^2}{R}}}{6\frac{A_3^*}{A_1^*}\frac{K_{If}}{R}}\right]^2 \tag{2-44}$$

如果不考虑 A_3 的影响，式（2-44）可以简化为：

$$r_c = \frac{1}{2\pi}\left(\frac{K_{If}}{f_t}\right)^2 \tag{2-45}$$

使用式（2-44）、式（2-45）计算断裂过程区尺寸时假定其为一定值，即认为断裂过程区尺寸是材料固有的属性，不会随裂纹形式改变而改变。得到断裂过程区的尺寸后，根据修正的最大切向应力准则能够容易地求得巴西圆盘试样的起裂角和断裂阻力。在本书第 6 章中会对这一准则做深入的讨论，并通过与实验做比较，验证其在一定载荷条件下比传统的最大切向应力准则更为有效。

2.1.4 疲劳破坏分析

工程构件在投入使用时有比较光滑的表面，也没有较大的缺陷，但经过一段时间的运转之后就有可能发生断裂。这期间构件经历了裂纹萌生期和亚临界裂纹扩展两大阶段。构件寿命就是指这两段时间的总和。在判断失稳断裂的时机方面，上一节已经介绍过各种起裂判据。如果测得材料的断裂韧度，在已知工作载荷的情况下可获得临界裂纹尺寸。可是，问题是裂纹如何萌生及扩展以至达到断裂时的尺寸，控制裂纹扩展速率的力学因素有哪些，下面对这些情形进行讨论。

机械疲劳也称为纯疲劳，是机械零件失效最常见的方式。工程上通常估算疲劳破坏占机械零件失效的比例在 70%，甚至更高。因此，疲劳设计是机械设计中非常重要的一个方面。疲劳的定义可以表述为：当结构在循环或交变应力下，裂纹可以萌生并增长至临界尺寸而发生失稳断裂。这种因循环应力或交变应力导致材料抵抗裂纹扩展和断裂能力减弱的现象，称为疲劳。这里要注意的是循环应力和交变应力的含义有所区别。两者都指应力是周期性变化的，但是最小应力与最大应力的比值是不同的。循环应力的应力不改变方向，而交变应力的应力每个周次内改变一次方向。许多工程结构或零件，例如压力容器、汽轮机的叶片、叶轮和转轴、汽车和拖拉机的曲轴、飞机的脚架、机翼大梁、发动机涡轮盘和叶片、吊桥的钢索等受到的都是疲劳载荷。

传统的疲劳实验是做标准光滑试件的 S-N 曲线。通常在一定频率、恒定振幅和一定的最小与最大载荷比之下进行实验，以获取断裂时的疲劳总周数。这里的 S 代表循环应力或交变应力的幅值，N 代表断裂时的周数。典型的 S-N 曲线中，循环周数随着 S 的下降而增加。当 S 下降至某一值时，周期 N 趋向于无限寿命，此应力水平就称为疲劳极限。当交变应力的载荷比为 -1 时，此疲劳极限常用 σ_{-1} 表示。例如，铝合金等并没有明显的疲劳极限，因此，称为在寿命为 N 周数时的疲劳强度；对于小于疲劳强度的应力，其寿命大于 N。如果试件带有切口，则切口根部的应力集中系数对疲劳寿命将产生很大的影响。当应力集中程度较低时寿命较长，疲劳强度将增加。由于 S 通常是指名义应力幅值，它是根据各种切口试件的剩余截面计算而得，并不能反映切口根部的应力状态。因此，不同应力集中系数的带切口试件将有不同的 S-N 曲线。已有研究表明，若在较低应力下即可发生疲劳破坏，则以试件切口根部的真应力作为疲劳裂纹萌生的控制参数，用 S 表示，虽然应力集中系数不同，仍可得到重合较好的 S-N 曲线。采用 S-N 曲线的实验，比较适合高强度材料或低应力下疲劳破坏的高周疲劳，即适合疲劳寿命大于 10^5 周以上的疲劳破坏。对于低周疲劳（寿命低于 10^5 周），应力不足以代表力学的控制参数，此时裂纹萌生处往往已处于较大的塑性变形状态。因此，低周疲劳实验通常采用总应变幅值或塑性应变幅值作为力学的控制参数（总应变幅值等于弹性应变幅值和塑性应变幅值之和）。S-N 曲线的疲劳实验只能定性地用来衡量材料的疲劳性能。其缺点包括如下几点。

① 混合了裂纹萌生阶段和扩展阶段，以至于不清楚这两个阶段在总寿命中各占的比例。

② 无法估计试件薄厚及大小对寿命和疲劳强度的影响，而这种影响在真实构件的设计中是必须考虑的。

③ 以疲劳极限来设计，虽然工作的交变应力小于极限应力，但并不能保证寿命可以达到无限。

因此，在断裂力学发展起来后，利用断裂力学的观点来进行疲劳裂纹扩展实验也就发展起来。虽然传统 S-N 曲线的疲劳实验有上述缺点，但在传统的设计中它仍占有相当重要的地位。理论上，在疲劳极限以下工作的构件应有无限寿命。这种无限寿命的设计观点已广泛应用于不能或不便于停机的设备中，例如汽轮机的叶片和飞机发动机的叶片等过去都是这种设计观点。但由于试件和构件归根结底是不相同的，构件比较容易带有机加工、焊接或锻造引起的表面或内部缺陷，加上材料本身固有的夹杂和缺陷等，这些缺陷就成为疲劳裂纹源，是疲劳裂纹最容易萌生的地方。如果用真实的构件来进行模拟疲劳实验，费用很高且费时；同时疲劳实验数据的分散性必须用统计方法处理。为了避免造成过多的人力、时间和材料的大量消耗和损失，需要对传统的疲劳实验进行改进。

下面讨论疲劳裂纹萌生与扩展的相关机理。最大的工作应力可能远低于屈服强度，且相对应的应力强度因子也小于断裂韧性，但表面看起来光滑的结构仍然会萌生疲劳裂纹并进一步扩展。在冶炼过程或在加工过程中，材料表面和内部或多或少都有些缺陷。虽然工作应力并不高，但在部分缺陷造成的应力集中处有可能产生比屈服强度高的应力，因此在疲劳载荷下位错运动带来的滑移就产生了。当载荷上升时，有利的滑移面向一个方向滑移，在表面形成偏折的形状；当载荷下降时，因为应变硬化，原来的滑移面不再产生滑移，改在平行于该面的另一个方向滑移，如此就形成了凸出纹和凹入纹。在疲劳载荷作用下，多次的凹入就使材料萌生了疲劳裂纹。有人认为上述模型对张力和压力的疲劳载荷是适用的，但实际上它对张力和压力的情形并不成立。在载荷将下降时，塑性变形可能在局部区域留下残余压缩应力而造成反方向的滑移，这使得上述模型不再成立。利用滑移的模型，疲劳裂纹扩展的机理也不难解释。在载荷上升时，裂纹尖端的高应力带来了塑性变形，在最大剪切应力方向由于滑移而使裂纹延伸一小段。滑移也可能发生在另一个最大剪应力方向。载荷继续上升时，由于应变硬化，原来方向不再滑移，改在其他方向滑移，最后使得裂纹尖端形状完全钝化。可以归纳为：在载荷上升期，裂纹就扩展了一小段；当载荷下降时，裂纹尖端再度尖锐，应力集中又增加。如此循环往复而使得裂纹向前扩展。由上述疲劳裂纹的萌生与扩展机理可知，最容易萌生疲劳裂纹的地方是最容易滑移的地方，而最容易滑移的地方也是局部塑性变形最大的地方。滑移是位错沿着一定的晶体平面的移动。当疲劳裂纹萌生时，应力集中还不是太严重，能够滑移的平面不多，裂纹往往沿着一定的滑移面缓慢增长。当裂纹长度较长时，裂纹尖端区域的应力集中就相当严重，可以滑移的平面增多，如此疲劳裂纹不一定沿其滑移平面扩展，而是不规则地穿过晶粒。如果能够控制滑移，必然能影响疲劳裂纹的萌生和扩展，也必然能影响构件的疲劳强度。当滑移把位错送到晶界时，必须达到一定的程度才能引起相邻的晶粒产生滑移。因此，细化晶粒增加了晶界的阻隔，可以减缓疲劳裂纹的萌生与扩展。对同一种成分的金属材料来说，利用恰当的热处理对细化晶粒是非常重要的。晶粒粗大不但抗疲劳能力差，拉伸强度和韧性也较差。萌生期占构件疲劳寿命的大部分时间。因此，从工程角度来说延缓裂纹的萌生是延长寿命最简单的手段。而裂纹萌生绝大多数从构件的表面或内部的缺陷开始，因此必须控制缺陷的分布和细化缺陷的尺寸，同时加强探伤检测。

最后来讨论疲劳裂纹扩展率。工程中有的材料对疲劳抵抗比较弱，裂纹一旦萌生则很快就会发生破坏。而有的材料对疲劳抵抗比较强，尽管裂纹已经萌生，构件仍然有相当长的寿命。对前一种材料，设计上是不允许有裂纹存在的；对后一种材料则允许一定尺寸裂纹的存在，即有限寿命的设计。例如，用在航空、宇航和国防等方面的高强度合金都是比较贵重的材料，如能在保证安全的条件下延长零部件的使用时间则具有很大的意义。由于结构疲劳实验经济性较差，测试一般以实验室试件为主；又因为平面应变的纯Ⅰ型裂纹是最常见最危险的裂纹，下面主要讨论这种情况。在第6章中将讨论计算疲劳裂纹扩展率的 Paris 公式，如第 6 章式（6-4）所列，该公式可以描述疲劳裂纹扩展率的三个阶段。扩展速率缓慢和扩展率快速上升的临界值 ΔK_{th} 通常被称为门槛值（典型的 $\frac{\text{d}a}{\text{d}N}$-$\Delta K$ 关系如图 2-6 所示）。该公式是一种通用的表达，在具体的阶段，裂纹扩展率需要具体讨论，这也是疲劳破坏分析的难点所在。而对于公式中 m 值的大小，国内外也一直存在较大的争议，因为影响裂纹扩展的因素非常多，各个因素直接又有相互作用，加上实验室数据比较分散，导致实验室所得不同材料的 m 值不可能相同。因此，疲劳裂纹扩展的数据处理非常重要，而采用数理统计的方法来处理数据和指导设计是相对可行的办法。通常在初始裂纹长度较大时采用 Paris 公式估计寿命的方法是比较可靠的。

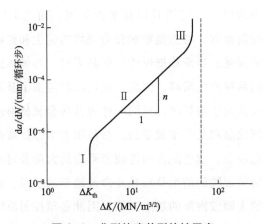

图 2-6　典型的疲劳裂纹扩展率

但在初始裂纹长度很小时，或仅有极微小的缺陷时，该方法的可靠性需要分情况讨论。裂纹在一个循环周期内并不会一直保持着张开的状态，裂纹尖端附近的裂纹面有可能因接触而发生局部闭合。这种现象在载荷比（定义为 R）小于零和稍大于零的时候都可能出现。引起和促进疲劳裂纹闭合的原因包括：

① 裂纹尖端的塑性变形引起裂纹尾部发生闭合；

② 裂纹表面形貌的不匹配而引发裂纹闭合；

③ 腐蚀产物致使和促进裂纹闭合，这属于腐蚀疲劳的范畴。当 ΔK 较小的时候，尤其是接近门槛值时，疲劳裂纹比较容易发生闭合。

因此 R 值越小，闭合程度越严重；R 值越大，闭合程度较小甚至不发生闭合。这样将使 R 值较大的有较小的门槛值；R 值小的在闭合期间裂纹不扩展或者扩展极为缓慢，所以显示出较高的门槛值。若 R 值大于零，当疲劳裂纹扩展进入第二阶段时，由于裂纹闭合现象逐渐减弱，直至不再发生闭合，所以有可能在相同的 ΔK 下不同 R 值有相同的裂纹扩展率 $\mathrm{d}a/\mathrm{d}N$。以上介绍的裂纹扩展，都是指裂纹长度在一定尺寸以上的扩展行为。如果裂纹长度很短，甚至小于一个晶粒尺寸，且载荷较大时，裂纹扩展会发生与长裂纹不同的行为。微小的裂纹或缺陷并不一定会引起最终的断裂，若能适当地控制载荷，这些裂纹或缺陷都不会发展成危险的长裂纹。本部分并没有给出疲劳破坏详尽的计算公式，只是概括了疲劳裂纹扩展的机理和在数值模拟时可能会遇到的实际情况，其他内容包括过载的影响和变幅疲劳、低应力腐蚀开裂、氢脆等内容，感兴趣的读者可以参考其他断裂力学书籍学习和讨论。

2.1.5　断裂韧性测定

在模拟裂纹扩展时，不论采用哪种断裂准则都需要已知材料的几个基本属性，例如拉伸强度和断裂韧性。断裂力学中断裂韧性的测试有多种方法[7-9,12] 和标准（GB、ASTM 和 RILEM 等），通常根据材料、载荷和应力状态等因素加以区分。这些参数都和数值模拟过程息息相关。在断裂力学发展起来以前，工程上所设计和使用的韧性测试方法主要有摆锤冲击实验、落锤实验、落锤撕裂实验和动态撕裂实验等。不同实验方法得到不同的表征参数，虽然都能用来度量材料的韧性大小，但各自的物理含义却互不相同。

（1）摆锤冲击实验

这是工程上最普遍的韧性实验测试法。其原理是在横梁式或悬臂式试验机上，用摆锤把带有一定形状切口的标准试样冲断，以摆锤在冲击后的能量损失来表征材料冲击韧性，称为冲击值。根据试样切口形状的不同，分别用不同的符号来表示，例如：V 形切口试样（Charpy 试样）的冲击值用 CVN 或 C_V 表示；U 形切口试样（Mesnager 试样）的冲击值（功）用 A_k 表示。A_k 除以断面初始面积 F_0 得到的值 A_k/F_0 记作

a_k，称为材料的冲击韧度。工程上一般就用 CVN 或 a_k 来表示材料的韧性。同一种材料在不同温度得到的冲击值是不同的，就是说材料的韧性是随温度变化的。

一般的情形是温度降低时，韧性也随之降低，如图 2-7 所示。

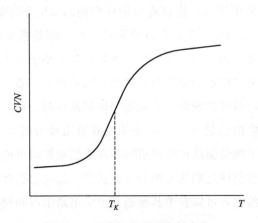

图 2-7　冲击韧性随温度的变化

金属材料这种因温度降低而由韧性状态过渡到脆性的现象，称为冷脆。这也是应用线弹性断裂力学时可能会遇到的情况。材料从韧性状态向脆性状态转变的温度称为韧脆转变温度或冷脆温度，常用 T_K（℃）表示。低、中强度的体心立方和密排六方金属及合金具有明显的冷脆现象，而高强度体心立方金属及合金对冷脆则不敏感。一般来说，面心立方金属（如 Cu、Al、Ni 和奥氏体钢等）可认为无冷脆现象。就其微观本质而言，韧脆转变与材料的延迟屈服现象有关。所谓延迟屈服就是指以高于材料屈服强度的应力高速加载时，金属材料并不立即屈服而在一定时间后才屈服的现象。延迟屈服时间随温度的降低而增加。由于低温下延迟屈服时间较长，在屈服前微观滑移高度集中，但附近位错源活动不能及时松弛这些应力集中，为裂纹的萌生和扩展造成了有利条件。有研究表明，体心立方金属随着温度降低，塑性变形机制由滑移机制变为孪晶机制。确定韧脆转变温度 T_K（℃）的办法有以下几种。

① 规定冲击韧度达到某一温度值。

② 规定断口上脆断面积占 50% 时的温度，此温度又称作断裂形貌

转变温度。它反映了裂纹扩展机理随温度的变化特征，能定性地评定材料在裂纹扩展中吸收能量的能力。有研究发现，某些钢的 T_K(℃) 与其 K_{IC} 发生突变的温度存在一定的对应关系，这说明它与断裂力学相应指标存在内在联系。一般采用 Charpy 试样确定这个温度。

③ 以试样塑性变形量降低至某规定值时的温度作为 T_K(℃)，显然 T_K(℃) 随所采用的固定方法不同而不同。同时，试样尺寸、加载方式（弯、扭）、加载速度对其均有影响。

因此 T_K(℃) 只具有不同材料在同样实验条件下按同一规定方法处理的实验结果的对比意义，并不能判定实际构件一定会在此温度发生脆性断裂。此外，由于冲击值本身包含了试样的弹性变形、塑性变形和断裂 3 个过程中吸收的能量，这很可能导致几种材料尽管冲击值相同，但三个过程所吸收的能量比例完全不同，从而无法区分材料抗冲击力在物理本质上的差别，造成选材和设计上的困难。

（2）落锤实验

适用于板类构件的低温脆性检验。试样应保留一轧制面，在试样宽度中心沿长度方向堆焊一脆性焊珠，如图 2-8 所示。在焊珠上开横向切口，落锤从不同的高度落下，将使试样受到不同应力的作用。当该应力相当于材料的屈服强度时，可以求得试样开裂的最高温度，称为无塑性转变温度或零韧性温度。这一概念在压力容器的设计中得到广泛应用。

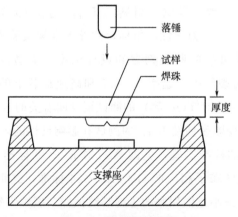

图 2-8　落锤实验装置

实验未考虑试样厚度的影响，而使用不同厚度的试样将得到不同的零韧性温度。为了适应各种工程的需要，又发展了其他一些实验方法，如落锤撕裂实验、动力撕裂实验等，读者可以参考 ASTM 标准[12]，此处不再详述。

上述两种方法存在以下一些共同的缺点。

① 没有考虑切口尖端的曲率半径对应力集中程度的影响，而这与切口根部的裂纹萌生有密切的关系。显而易见，V 形切口试样比裂纹试样吸收的能量多，而 U 形切口试样又比 V 形切口试样吸收更多的能量，但由于非切口试样的断裂过程包含裂纹的萌生和扩展过程，从而使得实验结果缺乏明确的物理意义。

② 未考虑厚度的影响，而厚度影响到切口和裂纹端部的应力状态。例如，冲击实验规定不同强度水平的材料采用相同的尺寸的标准试样，这就使得实验结果的比较缺乏相同的力学条件。而且，当采用强度理论进行实际工程设计时，也会因为试样与工程构件的尺寸相差悬殊而导致应力状态不同。

③ 未考虑加载速度的影响，不同强度水平的材料对加载速度的敏感性不同；低强度材料在慢速加载下比冲击负荷时吸收更多的能量；而高强度材料对加载速度则不敏感。

因此，这些方法的实验结果大多只具有进行比较的相对意义，工程设计中也只能根据经验来使用这些实验数据，而不能作为断裂的精准判据。断裂力学的发展，提供了材料的 K_{IC}、J_R（J 阻力曲线）、δ_R（$CTOD$ 阻力曲线）等力学性能指标，弥补了常规实验方法的不足，为工程应用提供了可靠的断裂判据和设计依据。本书只介绍最常用的 K_{IC}、J_R、疲劳裂纹扩展速率 da/dN 和高速加载下的 K_{1d} 的测试方法，其他参数（例如 CTOD 等）的测试请参阅有关的专著。

（3）平面应变断裂韧性 K_{IC} 的测试和影响韧性的因素

关于 K_{IC} 的标准实验，美国 ASTM E—399 标准中有详细规定，我国原冶金部也颁布了相应的 GB 4161—84 标准，这里主要依据该标准。对于线弹性或小范围屈服的 I 型裂纹试样，裂纹尖端附近的应力应变状态完全由应力强度因子 K_I 决定。K_I 是外载荷 P、裂纹长度 a 及试样几何形状的函数。在平面应变条件下，当 P 和 a 的组合使 $K_I = K_{IC}$，裂纹开始失稳扩展。K_I 的临界值 K_{IC} 是一个材料常数，也可认为是一个机械性能指标，称为平面应变断裂韧性。实验室测 K_{IC} 一般保持裂纹长度 a 为定值，而令载荷逐渐增加使裂纹达到临界状态。将此时的 P_c 和 a_c 代入所用试样的 K_I 表达式即可求出 K_{IC}。只要满足一定条件，K_{IC} 和外载荷、试件类型及几何形状均无关。标准中推荐使用三点弯曲和紧凑拉伸两种试样，如图 2-9 所示。

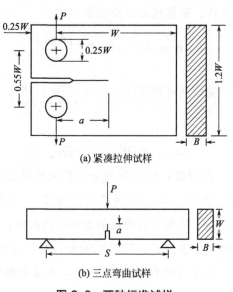

(a) 紧凑拉伸试样

(b) 三点弯曲试样

图 2-9　两种标准试样

三点弯曲试样的特点是形状简单，加工制作方便，要求试验机吨位小，但裂纹可扩展的长度较短。紧凑拉伸试样的特点是结构紧凑，节省材料，裂纹可扩展距离较长。但形状复杂，加工制作困难，要求试验机吨位略高于三点弯曲试样。试样类型的选用原则是根据材料来源、加工条件、实验设备以及目的等综合考虑。例如，要用同一试样测定疲劳裂纹扩展率 da/dN 和 K_{IC} 时，宜用紧凑拉伸试样，若加工条件不足，而材料来源不受太大限制时，应优先选用三点弯曲试样。根据实际需要，可选用自行设计的其他形状的试样，原则是这种试样最好有已知的应力强度因子计算公式，或其应力强度因子很容易通过柔度标定法得到。

　　类型确定后，需要确定试样的厚度，再根据厚度选取其他的尺寸。由于试样厚度对裂纹尖端应力状态有很大的影响，因此材料的临界应力强度因子 K_{cr} 与试样厚度 B 有关。只有当厚度达到一定尺寸后，试样才基本上处于平面应变状态，K_{cr} 值趋于稳定，此时才能得到有效的 K_{IC} 值。同时，裂纹长度还需满足小范围屈服条件，使得线弹性断裂力学的 K_I 有足够的精度。为了保证小范围屈服条件，对试样的韧带宽度（$W-a$）也应提出要求，以保证裂纹尖端塑性区尺寸远小于韧带宽度。

　　为满足上述条件，根据已有的结论有：

$$B、a 及(W-a)\geqslant 2.5\left(\frac{K_{IC}}{\sigma_s}\right)^2 \tag{2-46}$$

如果将其与平面应变塑性区的尺寸：$r_p=\dfrac{1}{4\sqrt{2}\pi}\left(\dfrac{K_{IC}}{\sigma_s}\right)^2$，相比可见，应满足以下要求：

$$B、a 及(W-a)\geqslant 50r_p \tag{2-47}$$

　　式中的 K_{IC} 是待测值，可根据成分、热处理状态和性能相近材料的 K_{IC} 进行估计，当估计 K_{IC} 有困难时还可按 σ_s/E 确定试样厚度及其他尺寸。金属材料一般都具有明显的宏观各向同性，这是各种加工制造过程给材料内部化学成分、显微组织的分布所带来的方向性的结果。尤其是锻轧材料，试样取向对断裂韧性 K_{IC} 有显著影响。试样方位的选择应根据实验目的和要求而定，需要模仿实际工件的加载及裂纹扩展方向。

　　试样加工时应特别注意使最后磨削条痕方向垂直于裂纹扩展方向，至少不要使两者平行。磨削之后就开切口，开切口的目的是为了能更快速引发平直的疲劳裂纹。通常要求切口尖端曲率半径 $r\leqslant 0.25\text{mm}$，可采用薄片砂轮、铣刀等加工。目前，采用线切割方法能获得比较满意的结果。另外，如果要预制疲劳裂纹，需要在疲劳试验机上完成。最初疲劳裂纹的引发可采用较大幅值的循环应力，但在最后阶段应使裂纹在较小的载荷下扩展到需要的长度，以便得到尖锐的裂纹，避免裂纹尖端因载荷过高而过分钝化，进而产生较大的塑性区，导致测得的 K_{IC} 值偏高。对三点弯曲试样，应使裂纹总长度（切口或线切割缝加疲劳裂纹长度）$a \approx (0.45 \sim 0.55)W$，其中疲劳裂纹长度至少 1.5mm。

实验一般在万能材料试验机上进行。以三点弯曲试样为例，把测量好尺寸的试样按规定仔细装夹牢固。在加载过程中，位移传感器（夹式引伸计）和载荷传感器得到的信号经放大后输入记录仪，从而能够描绘出力和裂纹张开位移的曲线（$P\text{-}\delta$）。需要注意的是：夹式引伸计和载荷传感器需要定期校准，以保证测试结果的精确性和可靠性。加载速度应保证应力强度因子的增长速率在每分钟增长 $31 \sim 155\mathrm{MN/m^{3/2}}$ 范围内。支座的轴辊要略能移动以避免产生过大横向摩擦阻力而影响结果；要求断口与试样长度方向基本垂直，偏差不能大于 $10°$；如果采用紧凑拉伸试件，应加工特殊的加载夹头，这些在标准中都有相关的规定。测量裂纹长度 a：试样表层属于平面应力状态，心部为平面应变状态，造成裂纹扩展时表层阻力大于心部，裂纹前缘形成中间外凸形状。可在厚度方向按照 0、$1/4B$、$1/2B$、$3/4B$、B 5 个位置顺序测量 5 个读数 a_1、a_2、a_3、a_4、a_5，然后取 $a = 1/3(a_2 + a_3 + a_4)$ 作为裂纹的平均长度。规定 a_2、a_3、a_4 中最大与最小长度之差不得超过 2.5%，a_1 和 a_5 与 a 之差不得超过 10%。

确定条件临界载荷 P_Q：如图 2-10 所示，过 O 点作割线 OP_5，使其斜率相当于线性段斜率的 95%。若在 P_5 之前，曲线上的点的载荷值都低于 P_5，则 $P_Q = P_5$；否则取 P_5 之前的最大载荷为 P_Q。所谓条件临界载荷是指 $\Delta a/a = 2\%$ 时的载荷，这与条件屈服强度 $\sigma_{0.2}$ 的规定类似。对于标准试样，该点正好对应于具有 95% 线性段斜率的直线与

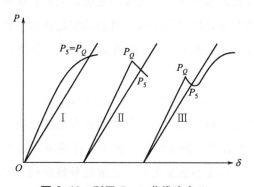

图 2-10　利用 $P\text{-}\delta$ 曲线确定 P_Q

P-δ 曲线的交点。

计算 K_Q：由之前得到的条件临界载荷 P 和有效裂纹长度 a 以及所用试样的 K_I 表达式，即可求出实验测试值 K_Q，即载荷为 P_Q 时的 K_I 值。标准三点弯曲试样应力强度因子的表达式为：

$$K_I = \frac{P_Q S}{BW^{3/2}} f\left(\frac{a}{W}\right) \tag{2-48}$$

其中，按照我国标准，几何修正因子的表达式为：

$$f\left(\frac{a}{W}\right) = \left[1.88 + 0.75\left(\frac{a}{W} - 0.5\right)^2\right] \sec\frac{\pi a}{2W}\sqrt{\tan\frac{\pi a}{2W}}$$

$$0.25 \leqslant \frac{a}{W} \leqslant 0.75 \tag{2-49}$$

标准紧凑拉伸试样的应力强度因子为：

$$K_I = \frac{P_Q}{BW^{1/2}} f\left(\frac{a}{W}\right) \tag{2-50}$$

同样地，几何修正因子为：

$$f\left(\frac{a}{W}\right) = 29.6\left(\frac{a}{W}\right)^{1/2} - 185.5\left(\frac{a}{W}\right)^{3/2} + 655.7\left(\frac{a}{W}\right)^{5/2}$$

$$- 1017\left(\frac{a}{W}\right)^{7/2} + 638.9\left(\frac{a}{W}\right)^{9/2}$$

$$0.3 \leqslant \frac{a}{W} \leqslant 0.7 \tag{2-51}$$

可以发现，无论是哪种试样的应力强度因子表达式，其计算都比较繁冗，主要是几何修正因子的表达式较为复杂，因此在标准中已将其制表备查。测试得到的临界应力强度因子是否确实是该材料的平面应变断裂韧性，还得通过有效性判断。K_Q 需满足如下 2 个条件：

$$P_{max}/P_Q \geqslant 1.1$$

$$B、a \text{ 和}(W-a) \geqslant 2.5(K_Q/\sigma_s)^2 \tag{2-52}$$

才能认为结果有效。规定第 2 个条件的原因在前面已有表述，而第 1 个条件是假设 P_5 之后裂纹仍持续扩展而无失稳现象，证明实验条件不能得到有效的 K_{IC}，故实验测试无效。造成这种情形的主要原因是试样尺寸不够或韧性较高，应更改实验重新进行实验，直到满足上述 2 个条件为止。

断裂力学产生以前，通常的韧性测试所得到的数据要受试样尺寸和形状的影响，因而往往因试样或构件在形状、尺寸上的差异导致实验结果在工程上难以应用。由于 K_{IC} 是在保证平面应变条件下得到的表征裂纹尖端应力应变场强度的力学参量的临界值，所以具有严格的物理意义。只要严格按照规定进行测试，得到的 K_{IC} 就不会受试样尺寸和形状的影响，并且可以直接应用于工程实际作为断裂准则和设计依据。但是作为材料常数的 K_{IC}，随材料成分、微观组织的变化而变化。因此，凡是能直接或间接影响这些内在因素的其他因素，或与这些内在因素有关的因素都能对其产生影响。这些因素包括温度等，例如断裂韧性通常随着温度的升高而升高。中低强度钢对应变速率较敏感，一般中强度钢在动载下的断裂韧度随加载速率增加而下降，到某一速率时出现最低值，此后又上升。低强度钢一般随加载速率增加而下降。在室温时，动态断裂韧性对加载速率相当敏感，温度越低，敏感性则逐渐减弱。另外，材料的屈服强度、合金元素、晶体结构和显微组织等都是影响 K_{IC} 的因素。

（4）延性断裂韧性 J_R 的测试

基于 J 积分的延性断裂韧性是指弹塑性裂纹试样在受 I 型载荷时，裂纹尖端附近应力应变场强度的某些特征值（对应线弹性裂纹尖端应力应变场的强度 K）。测试 J 积分的根据是它与形变功之间的关系：

$$J = -\frac{\partial U}{B \partial a} \tag{2-53}$$

式中　U——外力对试样所作的变形功，包括弹性功和塑性功两部分；

　　　a——裂纹长度；

　　　B——试样厚度。

J 积分的测试有单试样法和多试样法。

在 J 积分测试标准正式颁布以前，国内大多采用单试样法。对于短跨距 $\left(\dfrac{S}{W} = 3\sim 5\right)$、深裂纹 $\left(\dfrac{a}{W} \geqslant 0.5\right)$ 的三点弯曲试样，在满足一定尺寸要求时可推导出如下简单的表达式：

$$J = \frac{2U}{B(W-a)} \tag{2-54}$$

$$U = \int_0^\Delta P \mathrm{d}\delta$$

式中　W——试样的高度；

　　　U——外力形变功；

　　　P——外载荷；

　　　Δ——加载点的位移。

　　U 值一般用 P-Δ 曲线下的图解积分值表示。将实验得到的起裂点的 U_c 值代入式（2-54）就可得到 J_{IC}，但这一方法需要精确地测定起裂点。

　　测定 J 积分的多试样法分为两类：一类是柔度标定法；另一类是阻力曲线法。阻力曲线法是现行 J 积分测试标准中规定的方法，后面将做详细介绍。首先简述柔度标定法。如果直接利用式（2-53），也可以测 J 积分值。可取 2 个几何形状完全相同但裂纹长度 a 不同的三点弯曲试样。加载并记录 P-Δ 曲线。用起裂点的形变功之差，计算得到 J_{IC}。显然，这样得到的结果与两试样裂纹长度差 Δa 的关系极大。Δa 过大，结果造成离 J_{IC} 的真实值太远，且对积分上限的确定带来困难。因为裂纹长度相差过大可能使两试样的 Δ_c 也相差较大。Δa 过小则会导致其他因素造成的误差增大。为了改进上述方法，可以增加试样，也可以改变数据处理方式，这样就得到所谓的柔度标定法。对至少 3 个试样加载并记录 P-Δ 曲线，按照单试样法获取 U 的方式，得到各个试样（不同裂纹长度 a_i）不同加载点位移 Δ_i 下的形变功 U_i，作出 $\frac{U}{B}$-a 关系图。这样，根据不同的 Δ_i 可近似拟合出一条直线，由不同直线的斜率可得到不同 Δ_i 下的 J 积分值，起裂点 Δ_c 对应的 J 积分即为 J_{IC}。无论是单试样法还是多试样柔度标定法，都必须先确定起裂点，这也是测试的困难所在。起裂点必须通过例如声发射法、电位法、涡流法、金相检查法或同时使用两种以上方法才能确定。这无疑要增加辅助监测仪器设备，给实验带来一定的困难，并且会影响实验结果的精确性。下面重点介绍阻力曲线法确定金属材料的延性断裂韧性。

阻力曲线法也是一种多试样方法，其优点是无需判定起裂点，而且能达到较高的实验精度。这种方法能同时得到几个 J 积分值，满足工程实际的不同需要。所谓的 J_R 阻力曲线，是指相应于某一裂纹真实稳定扩展量的 J 积分值与该真实裂纹扩展量的关系曲线。标准规定，测定一条 J_R 阻力曲线至少需要 5 个有效测试点，因此一般要用 $5\sim8$ 个试样。对按照规定加工并预制裂纹的试样加载，记录 $P\text{-}\Delta$ 曲线，并适当掌握停机点以使各试样产生不同的裂纹扩展量（但最大扩展量不超过 0.5mm）。测量各试样裂纹扩展量 Δa，计算相应的 J 积分，即裂纹扩展阻力 J_R，对实验数据作回归处理得到 J_R 曲线。J_R 阻力曲线的位置高低和斜率大小代表了材料对于起裂和亚临界扩展的抗力强弱，这一优点是其他 J 积分测试方法所没有的。由 J_R 曲线可以确定若干 J 积分特征值，其定义和确定方法如下所述。

《利用 J_R 曲线确定金属材料延性断裂韧度的试验方法》（GB 2038—80）中规定采用两种尺寸的三点弯曲试样。分别记作 $B20$ 和 $B15$（即厚度分别为 20mm 和 15mm），其尺寸关系为 $W=1.2B$，$S=4W$。$B20$ 适用于中、低强度钢，$B15$ 适用于高强度低韧性钢、铝合金和钛合金。具体尺寸如下（单位为 mm）：

$$B20:BWS=20\times24\times96$$
$$B15:BWS=15\times18\times72 \tag{2-55}$$

试样尺寸的选择原则包括平面应变能条件和 J 积分有效性条件：

$$B\geqslant\alpha(J_{0.05}/\sigma_s) \tag{2-56}$$

当材料为钢时，$\alpha=50$；钛合金时，$\alpha=80$；铝合金时，$\alpha=120$。$J_{0.05}$ 的定义将在后面给出，其近似值可由式（2-57）估算：

$$J_{0.05}=\frac{(1-\nu^2)K_{IC}^2}{E} \tag{2-57}$$

另外，还有：

$$W-a\geqslant\frac{\alpha}{2}(J_R/\sigma_s) \tag{2-58}$$

一般 $J_R>J_{0.05}$，当不易估计 $(W-a)$ 时，可用 $B/(W-a)\geqslant1.4$ 求出 $(W-a)$ 的估计值。对于标准规定的两种试样，如果采用推荐的材料，上述条件一般是满足的。考虑到 a/W 对实验结果稳定性的影响，标准还规定了第三个条件为：

$$0.40 \leqslant \frac{a}{W} \leqslant 0.60 \qquad (2\text{-}59)$$

根据具体情况的要求不同，也可以采用 B、W 均大于 6mm 的非标准三点弯曲、拱形三点弯曲试样、紧凑拉伸试样等。试样的加工过程、方位选择与平面应变断裂韧性实验相同。为了保证得到尖而平直的裂纹，需要通过疲劳预制。同时考虑到 J 积分实验对象大多是中、低强度材料，所使用的疲劳载荷不能超过试样屈服载荷，以免发生挠曲塑性变形。标准根据大量实验结果规定，对于中、低强度钢和铝合金，在预制裂纹过程中疲劳载荷峰值 $P_{f\max}$ 必须满足：

$$P_{f\max} \leqslant 0.5 P_L \qquad (2\text{-}60)$$

$$P_L = 1.456(B/S)(W - a_0)^2 \sigma_s \qquad (2\text{-}61)$$

式中　　P_L——试样的极限载荷；

a_0——试样切口或线切割裂缝长度。

为了提高实验效率，疲劳载荷的比值 R 可以取得小些，例如 $R \leqslant 0.2$，而最初裂纹引发阶段的 $P_{f\max}$ 可选得大些。如经过 20000 周次以上还未引发出裂纹，可将最大载荷提高 10%；反之如果引发太快，则可适当降低 $P_{f\max}$。一旦引发出裂纹，应及时降低载荷使裂纹扩展达到要求长度 $a(a = a_0 + \Delta a_f)$；其中 Δa_f 代表疲劳裂纹扩展量。在整个扩展过程中 $P_{f\max}$ 仍应满足之前的要求，只是应该用当时的裂纹长度 a 取代 a_0。对于钛合金，根据其裂纹扩展较快的特点，规定疲劳预裂过程中 $P_{f\max} \leqslant 0.25 P_L$。疲劳裂纹扩展量 Δa_f 不应小于 1mm，裂纹面与试样轴线垂直度偏差在 10° 以内。裂纹长度 $a = (0.4 \sim 0.6)W$，同一组实验的 a/W 应尽量保持一致。加载断裂实验可在各种普通材料试验机上进行。试样的装夹方式与三点弯曲的试样测试 K_{IC} 相似。正式加载前，先用低于起裂载荷的值预加载两次，以使各装夹位置接触良好。然后按一定速度正式加载，同时记录 P-Δ 曲线。在产生预定裂纹扩展量 Δa 之后卸载停机。取下试样，用适当方法（如氧化着色法、二次疲劳法等）使得裂纹尖端扩展前缘留印后再压断。注意二次疲劳时 $P_{f\max}$ 不

得超过极限载荷 P_L，以免裂纹尖端形貌产生畸变。试样也可经低温冷脆后再压断。在上述实验中应注意以下几点。

① 在测试 K_{IC} 的断裂实验中记录的是 P-δ 曲线，其中 δ 是裂纹尖端张开位移。而 J 积分测试记录的是 P-Δ 曲线，其中 Δ 是加载线上施力点的位移，可以使用夹式单引伸计。为了提高测试精度，标准建议优先采用夹式平均引伸计以消除压头倾斜所带来的误差。

② K_{IC} 测试要把试样一直加载到失稳断裂，因为 K_{IC} 的试样一般在起裂后迅速失稳。在 J_R 阻力曲线测试中，由于该测试一般针对中、低强度材料，且试样尺寸较小，通常加载到起裂发生后，有一段亚临界裂纹扩展阶段。在 J 积分测试时，加载到试样起裂后，发生不同程度的亚临界扩展量 Δa_i 后就卸载停机。

③ 标准规定亚临界裂纹扩展量不大于 0.5mm，且必须有小于 0.15mm 和大于 0.4mm 的实验点，各个有效实验点应均匀分布。

可通过以下措施来满足这些要求：断裂实验和裂纹扩展量的测量交替进行，即将试样分两批、三批加载，在前一批试样断裂后立即测区 Δa，由此调整后一批试样的停机点。掌握停机点主要借助于 P-Δ 曲线。之前提到，预制疲劳裂纹时建议同一批试样尽量具有相同的 a/W 值，就是为了在断裂实验中使各试样具有相似的 P-Δ 曲线，以便合理确定停机点。为了保证测试结果精确可靠，标准要求在每批试样实验前后都要对引伸计进行标定，而且每 10 次实验或每 4 个小时中至少应标定 1 次。对加速度的要求是在初始弹性变形阶段，试验机压头位移速度为 $(0.04 \sim 0.5)$ $B^{1/2}$ mm/min。与前面类似的，测量裂纹长度时将试样断口沿厚度方向分成 8 等份，连同两侧边共 9 个测点，其中有间隔的列出 a_1、a_3、a_5、a_7、a_9，则裂纹长度为 $a = 1/3(a_3 + a_5 + a_7)$，这里要求这 3 个值中任一值 a_i 与 a 之差满足 $|a - a_i| \leqslant 0.02B$，且 a_1 和 a_9 与 a 之差分别 $\leqslant 0.09B$。标准定义的裂纹扩展量是在试样厚度方向的 $B/2$ 范围内，从疲劳裂纹前缘算起的裂纹扩展面积与 $B/2$ 之比的最大值。裂纹扩展量也要取标准中要求的平均值。通过试样 P-Δ 曲线和系统标定的 P-Δ 曲线即可计算得到 J_R 值。接下来就可以绘制阻力曲线图。将所有的实验点都在 J_R-Δa 坐标系中标出，并且对其做有效性判断。

最后，对有效实验点进行线性回归分析，得出回归方程，从而绘制出 J_R 曲线。根据 J_R 曲线就可确定延性断裂韧度。

(5) 疲劳裂纹扩展率 $\mathrm{d}a/\mathrm{d}N$ 的测试

测定疲劳裂纹扩展率 $\mathrm{d}a/\mathrm{d}N$ 的目的，不仅在于评定材料的疲劳裂纹扩展抗力，也是为了用断裂力学方法处理实验结果，得出 $\mathrm{d}a/\mathrm{d}N$ 与应力强度因子 ΔK 之间的表达式，以便对承受疲劳负荷的构件进行剩余寿命评估。$\mathrm{d}a/\mathrm{d}N$ 的测试方法，国内外都有相应标准可参考，此处仅将要点列出。

正式标准中一般推荐使用紧凑拉伸或中心裂纹试样。但为了加工和实验方便，人们也常常使用三点弯曲试样。三点弯曲试样的缺点是用于测定 $\mathrm{d}a/\mathrm{d}N$ 的距离较短，且刚性较差，当裂纹较长时负荷控制不易稳定，故一般不能得出完整精确的 $\mathrm{d}a/\mathrm{d}N$-ΔK 曲线的各个阶段。这些缺点在使用紧凑拉伸和中心裂纹试样时都不复存在。尤其是薄板构件不宜采用三点弯曲试样。适宜采用后面两种，但后面两种试样加工比较困难，且必须用专门的实验夹具。关于试样尺寸的选择，除了参照标准规定以外，还要根据具体的实验宗旨来最后确定。例如，鉴于应力状态对疲劳裂纹扩展率的影响，在对实际构件进行寿命估算时，用于测试 $\mathrm{d}a/\mathrm{d}N$ 的试样厚度应在条件许可下尽量接近甚至直接采用实际构件的厚度。当实验目的是评定材料或工艺的优劣时，则试样厚度选择既要考虑到材料的淬透性，以达到整个截面上组织的均一性，也要照顾到不同材料和工艺的试样，使应力状态要大致相同。

疲劳裂纹长度的检测是一个关键环节。每隔一定周次应测取裂纹长度，可以采用多种方法测定。例如读数显微镜法、超声波法、柔度法和电阻法等。读数显微镜测量法具有设备简单、易于自行改装、能直接从试样表面测读裂纹长度等特点，被广泛使用。由于测得的是表面裂纹长度，需做适当修正。而且由于在疲劳载荷作用下，试样有一定程度的震动，为观测清晰起见，一般应停机测量，这就必然影响实验结果。此外，这种直接测读法也不能实现连续测量和自动记录。除读数显微镜测量法以外的其他方法属于间接测量法。间接测量一般能达到满意的精度，且能实现连续测量和自动记录。但一般都必须有高精密的测试仪器。加载频率一般选得高些可以节约实验时间，加速实验进程，频率的影响（当构件实际频率与试样实验频率相差较大时）可用特定的系数进行修正。实验负荷的选择应视实验目的确定。例如，为了给构件的剩余寿命估算提供依据，应尽量使试样负荷接近构件实际服役负荷，并且使应力比尽量一致。当实验是为了探讨材料的裂纹扩展抗力或处理工艺对 da/dN 的影响时，则可视具体要求而定。

利用测得的 N_i 和 a_i 可绘制 a-N 曲线，再用切线法或割线法可以求得与 N 相应的 da/dN。这样的处理方法虽然简单易行，但误差较大，人为因素在所难免。较为准确合理的方法是一些标准中推荐采用的递增多项式法，此法可用计算机处理数据。

下面介绍递增多项式法的要点。

对任一点 i，前后各 n 点，对共计（$2n+1$）个数据点进行局部拟合，得到 i 点裂纹长度拟合值：

$$a_i = b_0 + b_1 \left(\frac{N_i - C_1}{C_2} \right) + b_2 \left(\frac{N_i - C_1}{C_2} \right)^2 \tag{2-62}$$

对上式求导，得到 i 点裂纹扩展率 da/dN 的拟合值：

$$\left(\frac{da}{dN} \right)_{a_i} = \frac{b_1}{C_2} + \frac{2b_2 (N_i - C_1)}{C_2^2} \tag{2-63}$$

$$C_1 = \frac{1}{2} (N_{i-n} + N_{i+n}) \tag{2-64}$$

$$C_2 = \frac{1}{2} (N_{i+n} - N_{i-n}) \tag{2-65}$$

式中　b_0、b_1、b_2——在 $a_{i-n} \leqslant a \leqslant a_{i+n}$ 区间按照最小二乘法确定的回归参数。

$$-1 \leqslant \frac{N_i - C_1}{C_2} \leqslant 1 \tag{2-66}$$

一般 n 取 3，故称 7 点递增多项式法。用 $\Delta P = P_{max} - P_{min}$ 取代相应试样 K 解析解中的 P，可得各 a_i 值对应的 ΔK 值，就可作出 $\dfrac{da}{dN}$-ΔK 的双对数轴关系图。再次应用最小二乘法对 $\lg \dfrac{da}{dN}$-$\lg \Delta K$ 数据进行线性

回归分析，可得到 Paris 公式中的材料常数，如式（6-4）所列。

（6）混凝土、岩石等脆性材料动态断裂韧性 K_{1d} 的测试

本部分介绍如何采用分离式霍普金森压杆测量脆性材料的动态断裂韧性，如图 2-11 所示。混凝土和岩石等具有相似的力学性质，通常被认为是一类脆性或准脆性（半脆性）材料。这类材料典型的特点是拉、压不对称性，即材料的拉伸强度远低于其压缩强度。测量它们的抗压强度时实验过程比较简单、易行，但测量拉伸强度时对实验设备的要求较高，不易实现。特别是直接高速加载的拉伸实验，目前通用的实验装置非常有限，很难描述应变率对断裂韧性的影响。这时，基于巴西圆盘的间接测试方法成为了一个较好的选择。含中心裂纹巴西圆盘的准静态断裂行为及断裂参数的获取方法将在后面介绍。同样，含中心裂纹巴西圆盘在动态加载下可用于测量脆性材料的动态断裂韧性。

图 2-11　分离式霍普金森压杆（直径为 74mm）

静态加载时，含预制裂纹的巴西圆盘由于裂纹尖端应力高度集中，裂尖点往往也是材料的起裂点（加载点附近区域尽管存在一定程度的应力集中，但是载荷较小时不至于使试件在加载点附近提前发生压溃破坏），可估算的断裂过程区尺寸非常小，圆盘在压缩过程中表现出接近完全脆性的特点。因此，这里的断裂韧性实际代表的是材料的起裂韧性。这种情况也将在后面继续讨论。

动态加载时，考虑到巴西圆盘试件与杆是线接触，试件的直径远小

于撞击杆的长度；且当应变率较低时（例如＜$10^2 s^{-1}$），混凝土、岩石类材料的动态本构关系可取与静态相同的形式。将试件两端所受应力的平均值视为整个试件内的应力，可以容易地给出裂尖复合型应力强度因子随时间的变化关系式。只要通过适当的实验手段（例如裂纹尖端粘贴应变片）测得裂纹尖端起裂的时间，如图 2-12(a) 所示。就能够直接获得材料的动态起裂韧性。

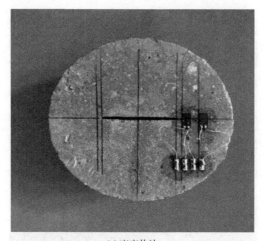

(a) 应变片法

(b) 裂纹扩展计

图 2-12　裂纹起裂时间测量方法

图 2-12(b) 所示的裂纹扩展计也是近年来测量材料裂纹扩展过程参量的有效方法。裂纹扩展计可以通过电气信号来检测裂纹的扩展、传播速度。其响应速度快，在平面、曲面均可使用，裂纹的长度与电阻的变化值呈线性关系，通过适配器，可以与旧型号的测量器组合使用，并且敏感栅的前后处有 2 根触发线可以实现自动测量。但由于加载速率较高时很容易造成加载端压溃，导致测试动态起裂韧性存在困难。

端部压溃的巴西圆盘如图 2-13 所示。

图 2-13　端部压溃的巴西圆盘

为此，王启智等[10] 发展了原来的巴西圆盘试样，主要是在加载端加工了平台，这样将载荷由原来的集中力变为均布力，大大减缓了加载端应力集中的不利影响。但由于试样的几何形状发生改变，相应的应力状态也会改变。原来的计算动态应力强度因子的公式不再适用。此时，可以通过数值模拟方法计算得到裂纹尖端应力强度因子的时间历程，再根据起裂时间得出断裂韧性。下面对这一方法做简要介绍。

SHPB 实验原理是炮弹撞击入射杆，在入射杆内产生入射波 $\varepsilon_i(t)$，经试样与入射杆接触端发射后产生反射波 $\varepsilon_r(t)$，部分入射波经过试样后产生透射波 $\varepsilon_t(t)$，各种应变波分别由贴在入射杆和透射杆上的应变片测得。通常将实验采集到的各种应变波正值表示压应变，负值表示拉应变。入射波和反射波的叠加可以得到试样左端的合力 P_L，试样右端

的合力 P_R 由投射波计算得出。计算载荷 $P(t)$ 由左右两端载荷平均得到，计算方法如下：

$$P_L(t)=EA[\varepsilon_i(t)+\varepsilon_r(t)] \tag{2-67}$$

$$P_R(t)=EA\varepsilon_t(t) \tag{2-68}$$

$$P(t)=\frac{P_L+P_R}{2}=\frac{EA}{2}[\varepsilon_i(t)+\varepsilon_r(t)+\varepsilon_t(t)] \tag{2-69}$$

式中　E、A——压杆的弹性模量和横截面积。

　　实验中采用拉紧入射杆与透射杆的方法来固定试件，同时在试件与杆端面的接触处涂抹凡士林，使加工的试样平台与压杆端面接触良好。应变片的粘贴有不同的方式，但都要满足贴在裂尖附近，通常将应变片轴线与裂尖到平台中心的连线垂直，保证试样裂纹扩展时能撕断应变片；而且裂纹在扩展过程中总是向着平台的中部位置扩展。在大直径的SHPB 冲击实验中，常规的矩形波加载容易造成应变波形高频振荡，此时压杆的横向惯性效应比较严重，弥散现象也较为明显。已有的研究表明，三角形波形可以有效地降低大直径 SHPB 压杆的弥散效应。为此通常采取在子弹和入射杆之间加一片或几片圆形软介质材料作为脉冲整形器，或称为波形整形器。将其同心地粘贴在入射杆被子弹撞击一侧的端面上，贴好后在上面盖上与入射杆同直径同种材料的垫片，减轻子弹对入射杆的破坏。实验过程中，试样通常都是在入射波第一次达到峰值之前就已经发生破坏，因此计算时只取第一个入射波、反射波和投射波。纯 I 型和复合型裂纹试样的入射波和透射波形状大致相同，只是波形的幅值不同。通过应变片或裂纹扩展计可以测量试样的起裂时间。

　　对于加工平台后的巴西圆盘的劈裂实验，采用有限元或其他数值方法可以较容易地获得任意时刻的裂尖应力强度因子。起裂时间对应的应力强度因子值被认为是材料的动态断裂韧性 K_{1d}。如果应变片粘贴得距离裂纹尖端较远，则需考虑应力波从裂纹尖端传播到应变片位置时所需时间，减小计算误差。上述方法实际上是一种将实验和数值模拟相结合的测量脆性材料动态起裂韧性的方法。将其与岩石、混凝土直接拉伸实验测得的结果比较可以发现，虽然假设的情况较为理想，但预测值在合理的范围内具备一定的参考价值，可以认为是一种有效的测量手段。但不可忽略的是，如果圆盘未从裂尖起裂，或者当加载速率较高时，难以判断裂尖起裂和加载端压溃的先后次序，测试结果的可参考性就大幅降低。那么是否存在一个加载速率或者应变率的临界值，或者如何确定这个临界值还有待进一步研究。随着实验力学的发展，包括数字散斑相关技术和更高帧数的高速摄像机等的辅助，使得这一临界状态的测定成为了可能。另外，加载速率提高后还需考虑惯性效应的影响。

2.1.6 裂纹尖端的塑性区和 K 的塑性修正

裂纹尖端应力高度集中，容易导致材料发生屈服。而断裂总是开始于裂纹尖端的极小区域，此小区域是材料的微结构起决定影响的地方，也是宏观力学不适用的地方，通常称为断裂过程区。如果忽略应力场展开式中的高阶项，而只用应力强度因子来度量裂尖局部小区域内的应力应变强度，这个区域称为 K 主导区。这个区域以外的度量则需要加上高阶项。若 K 主导区尺寸比断裂过程区尺寸大几倍以上，则断裂过程区是否会发生断裂，受其外部的 K 主导区场的强度所制约。此时，用应力强度因子去判断是否开裂是可行的。由于无限大应力实际上并不存在，裂纹尖端总有个塑性区，而塑性区内的应力是有界的。因此，基于应力强度因子的断裂判据成立的条件是，塑性区尺寸比 K 主导区小，并且要比裂纹长度小。

首先简单介绍一下材料力学中涉及的 4 个强度理论。

① 最大拉应力理论，认为最大拉应力是引起断裂的主要因素：

$$\sigma_{r1} = \sigma_1 \leqslant [\sigma] = \frac{\sigma_b}{n} \tag{2-70}$$

② 最大拉应变理论，认为最大伸长线应变是引起断裂的主要因素：

$$\sigma_{r2} = \sigma_1 - \mu(\sigma_2 + \sigma_3) \leqslant [\sigma] = \frac{\sigma_b}{n} \tag{2-71}$$

③ 最大切应力理论，认为最大切应力为引起屈服的主要因素：

$$\sigma_{r3} = \sigma_1 - \sigma_3 \leqslant [\sigma] \tag{2-72}$$

④ 畸变能密度理论，认为畸变能密度是引起屈服的主要因素：

$$\sigma_{r4} = \sqrt{\frac{1}{2} \left[(\sigma_1 - \sigma_2)^2 + (\sigma_2 - \sigma_3)^2 - (\sigma_3 - \sigma_1)^2 \right]} \leqslant [\sigma] \tag{2-73}$$

在材料力学的强度理论基础上，我们再来分析断裂问题。对于纯 I 型裂纹尖端，有 $\sigma_y = \dfrac{K_{\text{I}}}{\sqrt{2\pi r}}$，可知当 $r \to 0$ 时，$\sigma_y \to \infty$，即裂纹尖端应力具有奇异性的特点。但对于实际材料，当裂纹前端的正应力达到其有效屈服应力时材料就会发生屈服，在裂纹尖端附近会产生一个微小的塑性区域或应力松弛。

对于平面问题，应力分量可以表示为：

$$\sigma_1 \text{、} \sigma_2 = \frac{\sigma_x + \sigma_y}{2} \pm \sqrt{\frac{(\sigma_x - \sigma_y)^2}{2} + \tau_{xy}} \qquad (2\text{-}74)$$

对于平面应力问题，$\sigma_3 = 0$，而平面应变问题有 $\sigma_3 = \nu(\sigma_1 + \sigma_2)$，针对纯 I 型裂纹的情况，主应力可以表示为：

$$\sigma_1 = \frac{K_{\text{I}}}{\sqrt{2\pi r}} \cos \frac{\theta}{2} \left(1 + \sin \frac{\theta}{2}\right) \qquad (2\text{-}75)$$

$$\sigma_2 = \frac{K_{\text{I}}}{\sqrt{2\pi r}} \cos \frac{\theta}{2} \left(1 - \sin \frac{\theta}{2}\right) \qquad (2\text{-}76)$$

将塑性区的最大主应力称 σ_1 为有效屈服应力，用 σ_{ys} 表示。根据最大剪应力屈服判据，可得：平面应力，$\sigma_{ys} = \sigma_s$；而平面应变，$\sigma_{ys} = \dfrac{\sigma_s}{1 - 2\nu}$。对于 I 型裂纹问题，可得：平面应力，$\sigma_{ys} = \sigma_s$；而平面应变，$\sigma_{ys} = \sqrt{2\sqrt{2}}\,\sigma_s$。下面我们来讨论裂纹前端屈服区域的大小。

裂尖局部坐标系中在裂纹延长线上（X 轴上，$\theta = 0$），最大主应力 $\sigma_1 = \dfrac{K_{\text{I}}}{\sqrt{2\pi r}}$，它就是 σ_y，σ_y 随着坐标 r 而变化，r 越小，σ_y 值越大；当 $r = r_0$，从而 $\sigma_y = \dfrac{K_{\text{I}}}{\sqrt{2\pi r_0}} = \sigma_{ys}$ 时，材料就屈服。由此可定出屈服区在 X 轴上尺寸 r_0 为：

$$r_0 = \frac{1}{2\pi} \left(\frac{K_{\text{I}}}{\sigma_{ys}}\right)^2 \qquad (2\text{-}77)$$

根据前面的介绍，可得：在平面应力状态下，$r_0 = \dfrac{1}{2\pi} \left(\dfrac{K_{\text{I}}}{\sigma_s}\right)^2$；而

平面应变状态下，$r_0 = \dfrac{(1-2\nu)^2}{2\pi}\left(\dfrac{K_I}{\sigma_s}\right)^2$。同时，平面应变对应有，$\sigma_{ys} = \sqrt{2\sqrt{2}}\,\sigma_s$，这时塑性区尺寸可以表示为：

$$r_0 = \frac{1}{4\sqrt{2}\,\pi}\left(\frac{K_I}{\sigma_s}\right)^2 \tag{2-78}$$

由此可见，平面应变问题比平面应力问题塑性区要小很多。对于大多数实际金属材料，裂纹前端存在一个或大或小的塑性区（即屈服区），当塑性区尺寸很小时称为小范围屈服，此时裂纹前端大部分区域仍是弹性区，如果对塑性区影响做出修正，线弹性力学的分析仍然适用。还需要注意，平面应力与平面应变状态对应的小范围屈服时的塑性区尺寸不同，从而导致二者对应的断裂准则的选取要有所差异，才能更好地预测断裂行为的发生。

应力松弛会引起裂纹刚度下降，与裂纹长度增加效果一致。因此，修正裂纹长度为有效裂纹长度 $\bar{a} = a + r_y$ 时，则可以不考虑塑性区的存在，仍用线弹性断裂力学来处理问题，经研究可得：

$$r_y = \frac{R}{2} = \frac{1}{2\pi}\left(\frac{K_I}{\sigma_s}\right)^2 \quad \text{（平面应力）} \tag{2-79}$$

$$r_y = \frac{R}{2} = \frac{1}{4\sqrt{2}\,\pi}\left(\frac{K_I}{\sigma_s}\right)^2 \quad \text{（平面应变）} \tag{2-80}$$

通常情况下，$K_I = \alpha\sigma\sqrt{\pi(a+r_y)}$，可得：

$$K_I = \frac{\alpha\sigma\sqrt{\pi a}}{\sqrt{1 - \dfrac{\alpha^2}{2}\left(\dfrac{\sigma}{\sigma_s}\right)^2}} \quad \text{（平面应力）} \tag{2-81}$$

$$K_I = \frac{\alpha\sigma\sqrt{\pi a}}{\sqrt{1 - \dfrac{\alpha^2}{4\sqrt{2}}\left(\dfrac{\sigma}{\sigma_s}\right)^2}} \quad \text{（平面应变）} \tag{2-82}$$

由此可见，两种情况下应力强度因子都增大了，增大的系数分别为：

$$M_P = \frac{1}{\sqrt{1 - \dfrac{\alpha^2}{2}\left(\dfrac{\sigma}{\sigma_s}\right)^2}} \quad \text{（平面应力）} \tag{2-83}$$

$$M_P = \cfrac{1}{\sqrt{1 - \cfrac{\alpha^2}{4\sqrt{2}}\left(\cfrac{\sigma}{\sigma_s}\right)^2}} \qquad (平面应变) \qquad (2-84)$$

塑性区中应力松弛导致 K_I 增大，因此 M_P 称为塑性修正因子。最后必须指出，上面的分析只是用于所谓"小范围屈服"，即裂纹尖端塑性区尺寸与裂纹长度及构件尺寸相比小于一个数量级以上时，才可在塑性修正后仍用线弹性断裂理论来处理。对于裂纹尖端区域的大范围屈服甚至全面屈服问题，则必须用弹塑性断裂理论来处理。

2.2　有限元法在线弹性断裂力学中的应用

迄今为止，有限元法已经成功地应用于断裂力学的各个方面。现在有许多大型的商业软件可供使用，其中广为人知的包括 ABAQUS、ANSYS、LS-DYNA、NASTRAN 等。这些商业软件在求解精度和求解效率上经过了严格测试和广泛的验证，且都能处理摩擦接触问题，并提供可直接使用的多种材料模型。因此，利用现有软件进行断裂分析可以极大地减少程序编写和调试的工作量，更快捷地获得所需断裂参数。

采用有限元法直接计算应力强度因子时，使用奇异单元可以得到精确的结果。奇异单元是通过调整高阶单元中间节点的位置而来的。例如，把八节点二阶单元的中间节点放在 1/4 位置，就会在裂纹尖端处造成平方根的奇异性。对于十二节点的三阶单元，平方根的奇异性也可以通过将边上的 1/3 节点和 2/3 节点分别移动到 1/9 处和 4/9 处来模拟。对奇异单元感兴趣的读者可以查阅相关专著，有详细的推导过程，且其计算精度已经通过经典算例，如含中心裂纹、单边裂纹和斜裂纹板断裂问题的验证。下面以在商业软件 ABAQUS 中求解断裂问题为例，介绍如何采用有限元法计算裂尖断裂参数。

算例仍采用之前提到的垂直径向加载的含中心裂纹的巴西圆盘（Center Cracked Brazilian Disk，CCBD）试件。假设 CCBD 试件直径 $D = 70$mm，厚度 $B = 1$mm；圆盘半径为 R，裂纹长度 $2a = 28$mm，满足 $a/R = 0.4$。无量纲的应力强度因子和 T 应力的大小仅仅取决于试件的几何参数，与材料属性、载荷大小无关，因此在有限元参数设置上可以取如材料属性 $E=1000$，$\nu=0.3$；载荷大小设置为 1。在 ABAQUS 模拟中，应当注意裂纹的定义和相关设置，裂尖周围采用 6 节点的三角形奇异单元，裂尖的附近其他区域内分别采用 8 节点的二次矩形单元和 4 节点的一次单元，如图 2-14 所示。并在软件的 Step 模块里面设置输出裂纹尖端的应力强度因子和 T 应力，然后进行计算。

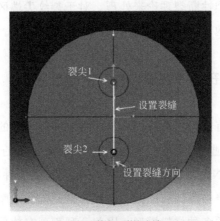

(a) 定义裂纹和裂纹尖端

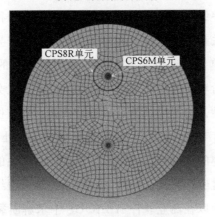

(b) 划分网格，并设置单元属性

图 2-14　定义及设置 CCBD

待计算完成后，便可在软件的后处理模块 Visualization 查看计算结果，同时显示变形后的 Mises 应力云图，如书后彩图 1 所示。在 .dat 文件中可以直接获得应力强度因子和 T 应力的值。

如果要依据修正的最大切向应力准则进行计算，可将计算得到的断裂参数转化为对应的无量纲化参数。纯 I 型裂纹尖端的应力强度因子 K_I 和 T 应力值可分别表示为：

$$K_I = \frac{7.4615 \times 10^{-2} + 7.4677 \times 10^{-2} + 7.4674 \times 10^{-2}}{3}$$

$$\approx 7.4655 \times 10^{-2} \text{MPa}\sqrt{\text{m}} \tag{2-85}$$

$$T = \frac{(-4.5511 \times 10^{-2}) + (-4.5505 \times 10^{-2}) + (-4.5508 \times 10^{-2})}{3}$$

$$= -4.5508 \times 10^{-2} \text{MPa} \tag{2-86}$$

转化后可表示为：

$$K_I^* = \frac{K_I Rt}{P\sqrt{2\pi R}} = \frac{(7.4655 \times 10^{-2}) \times 35 \times 1}{1 \times \sqrt{2\pi \times 35}} \approx 0.1762 \tag{2-87}$$

$$T^* = \frac{TRt}{4P} = \frac{(-4.5508 \times 10^{-2}) \times 35 \times 1}{4 \times 1} \approx -0.3982 \tag{2-88}$$

对于纯 II 型裂纹，则有：

$$K_{II} = \frac{(-0.1187) + (-0.1188) + (-0.1188)}{3} \approx -0.1188 \text{MPa}\sqrt{\text{m}} \tag{2-89}$$

$$T = \frac{(-1.5261 \times 10^{-2}) + (-1.5258 \times 10^{-2}) + (-1.5260 \times 10^{-2})}{3}$$

$$= -1.5260 \times 10^{-2} \text{MPa} \tag{2-90}$$

同样地，转化后可表示为：

$$K_{II}^* = \frac{K_{II} Rt}{P\sqrt{2\pi R}} = \frac{(-0.1188) \times 35 \times 1}{1 \times \sqrt{2\pi \times 35}} \approx -0.2804 \tag{2-91}$$

$$T^* = \frac{TRt}{4P} = \frac{(-1.5260 \times 10^{-2}) \times 35 \times 1}{4 \times 1} \approx -0.1335 \tag{2-92}$$

其他商业软件，例如 ANSYS 中设置裂纹和奇异单元的方式与 ABAQUS 略有不同，但核心思想完全一致，读者可以自行尝试。

除了静态断裂问题，有限元法还常常被用于计算材料的动态断裂行为。当裂纹快速扩展时，求解的是一个含移动奇异点的边值问题。在计算模型中，奇异点的高速运动往往会引发各种数值不稳定性甚至错误。

解决这一问题的方法比较有代表性的是将移动有限元法和网格自动划分技术相结合，如图 2-15 所示。求解动态运动方程常用的方法是中心差分法和纽马克法；其中，中心差分法是显式算法，纽马克法是隐式算法。

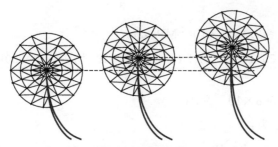

图 2-15 运动裂尖周围的移动单元[14]

不难发现，如果裂纹形式发生变化或材料属性不再均匀（例如内部包含双材料界面）时，采用有限元计算断裂参数的效率就会迅速降低。模拟裂纹扩展时，还需要繁冗的网格重构（或自适应网格划分）过程。在后面的章节中，将会详细介绍扩展有限元法在处理裂纹问题时较有限元法的优势和不足之处，以及在此基础上给出改进的计算方法。

2.3 静止裂纹与裂纹稳定扩展问题的讨论

裂纹的萌生、生长、扩展和止裂是一个极其复杂的过程，涉及多个尺度、多种物理本质和多个层次之间的相互影响和作用。裂纹扩展过程也是储存的应变能释放和转化的过程。其间还伴随着裂纹的分叉、层裂甚至破碎现象。裂纹扩展一旦进入失稳状态将对材料或结构造成不可逆的损伤，危害性极大。这个过程和材料或结构本身的属性以及载荷和边界条件密切相关。因此，很难有一种通用的断裂力学理论去描述上述复杂过程，还需要具体问题具体分析。

首先是静止裂纹问题，是指裂尖局部应力场强度还未达到开裂条件。不论是准静态加载还是动态加载都存在这样的情况。随着载荷的增加，裂尖应力场强度也在不断地增加，直到其超过材料的断裂韧性。此时，假设裂尖应力场的特征均可用式（2-6）～式（2-8）表示，即线弹性断裂力学的相关方法仍是适用的。如果裂纹一旦扩展，很可能伴随着明显的卸载，材料或结构发生的也不是完全的脆性断裂。根据笔者以往的研究发现，假定裂纹稳定扩展（亚临界裂纹扩展），即裂尖运动速度恒定，且可以立即停止，材料或结构仍是安全的，同时不考虑卸载。此时，本书中介绍的断裂参数的计算方法和断裂准则仍可继续使用。另外，从带裂纹构件的载荷和变形量关系来看，脆性断裂时的载荷与变形量一般呈线性关系，在接近最大载荷时才有很小一段非线性关系。脆性断裂的发生是比较突然的，即裂纹开始扩展的起裂点与裂纹扩展失去控制的失稳点非常接近。裂纹扩展后，载荷迅速下降，断裂过程很快就结束了。而韧性断裂的载荷和变形量关系有较长的非线性阶段，起裂后裂纹可以缓慢地扩展一段时间。除非变形量增加到失稳断裂点，否则就不会发生失稳断裂。对于各类金属等延展性较好的材料，受载时可以发生很大的变形，但承载能力较低，不易立即发生失稳断裂，这不属于本书研究的范畴。但针对混凝土和岩石等准脆性材料，虽然存在断裂过程区，亦可用本章方法近似地预测它们的起裂韧性。综上所述，对材料或结构断裂的判断、控制与防护需要将材料特性、裂纹分布、载荷状态等情况有机结合起来。研究材料特性主要是要获得各种可能工作温度下的断裂韧性和可能工作环境下的亚临界裂纹扩展速率。考虑的载荷因素包括工作载荷、载荷历史和假想的外载荷，例如地震、大风和爆炸等。对含裂纹的结构，应根据实际情况分别采取线弹性断裂力学或弹塑性断裂力学甚至断裂动力学进行分析。分析的主要目的是获得各种情况下的裂纹扩展驱动力，以便结合材料特性测试，给出裂纹断裂时的尺寸和裂纹扩展速率与扩展驱动力之间的关系。此时，建立一个简化模型进行计算和分析是相当有意义的。

　　裂纹起裂后，裂纹扩展常被分为失稳扩展和亚临界裂纹扩展两种，其中，失稳扩展意味着最后的破坏，而亚临界裂纹扩展则不然。若把导致裂纹扩展的原因去掉，则亚临界裂纹扩展可以很快地停止。亚临界裂纹扩展依照载荷种类和环境介质可以分为蠕变裂纹扩展、机械疲劳裂纹扩展、应力腐蚀裂纹扩展和腐蚀疲劳裂纹扩展等。本章将对这几种扩展过程从现象、机理和工程应用的角度进行介绍。另外，把研究对象限定在低工作应力下发生的裂纹扩展而导致最后失稳断裂的材料，此时裂纹尖端应力强度因子可以作为裂纹扩展驱动力。

如果假设材料或结构已经发生失稳断裂，那么裂纹是否会一直扩展直至整个结构破坏，还是有可能到一定程度后停止扩展。裂纹扩展必须有动能，即裂纹尖端附近的材料做了快速向前的运动。但是裂纹扩展或多或少地在裂纹尖端区域引起了卸载。因此，动态的能量释放率 G 和应力强度因子 K 往往比静态预测的结果偏小。裂纹扩展时，裂纹尖端的塑性区尺寸也要加大，导致阻力 R 也可能增加。这时，R 不再是像平面应变时的一个确定的值，而是一个变值。当能量释放率小于阻力时，裂纹可能停止扩展。但当能量释放率始终大于断裂阻力时，材料或结构必定会发生完全的破坏。究竟裂纹扩展多少才会停止，主要取决于动能的大小。

假设我们所讨论的是单位厚度的平板；裂纹失稳扩展时无其他能量的消耗；裂纹长度为 a，为一变量。裂纹尖端的动能可以表示为：

$$KE = \int_{a_0}^{a} (G-R)\mathrm{d}a \tag{2-93}$$

由于动态的 $G=G(a)$ 和 $R=R(a)$ 不易获得，因此假设静态的 Griffith 理论是成立的。考虑平面应变状态下的无限大平板含中心裂纹的问题。在失稳断裂的载荷下，无穷远处的 $(\sigma_y)=\sigma_c$，断裂刚发生时的裂纹半长为 a_0，则在失稳断裂的临界点有：$G=G_{IC}=\dfrac{\pi\sigma_c^2 a_0}{E}$。这里的 E 应为 E_1，为方便起见写为 E。假设裂纹扩展以后，σ_c 仍保持不变，则有：$R=G_{IC}$，$G=\pi\sigma_c^2 a/E$，平板的总动能可表示为：

$$KE = 2\int_{a_0}^{a} (G-R)\mathrm{d}a = \frac{\pi\sigma_c^2}{E}(a-a_0)^2 \tag{2-94}$$

式中 积分符号前的 2——裂纹扩展在两端同时发生。

由式 (2-94) 可知，因 $a>a_0$，所以 Griffith 裂纹一旦扩展就不会停止。实际情况下，如果外载荷非常大，有可能 G 始终大于 R，裂纹扩展会持续到破坏为止。工程上可以人为地提高断裂阻力值，设计对应的 R 曲线。例如在裂尖前面焊接一韧性较高的板条材料，裂纹扩展到此板条就有可能停止。也可以在裂尖前端订上加筋板，目的是降低 G 值，延缓裂纹失稳扩展。当然，在使用上述两种阻止裂纹扩展的方法时必须考虑载荷的情况。因为焊接处和铆钉出容易产生裂纹源，如果变动载荷或载荷方向有利于裂纹源扩展或萌生裂纹，则有可能阻止了一个裂纹扩展，反而产生其他裂纹，得不偿失。

失稳断裂发生后，裂纹扩展的速率如何估计，最早可以追溯到无量纲分析方法，假设水平方向位移分量 u 和竖直方向的位移分量 v 分别为：

$$u = c_1 \sigma_c a / E$$
$$v = c_2 \sigma_c a / E \qquad (2\text{-}95)$$

这里的 c_1 和 c_2 是无量纲的系数，并且不是时间的显函数，将式 (2-95) 对时间求导：

$$\dot{u} = c_1 \sigma_c \dot{a} / E$$
$$\dot{v} = c_2 \sigma_c \dot{a} / E \qquad (2\text{-}96)$$

根据动能的定义，有：

$$KE = \frac{1}{2} \rho \int (\dot{u}^2 + \dot{v}^2) \, \mathrm{d}x \, \mathrm{d}y \qquad (2\text{-}97)$$

这里的 ρ 是质量密度，将式 (2-96) 代入式 (2-97)，可得：

$$KE = \frac{1}{2} \rho \dot{a}^2 \frac{\sigma_c^2}{E^2} \int (c_1^2 + c_2^2) \, \mathrm{d}x \, \mathrm{d}y \qquad (2\text{-}98)$$

因为假设平板很大，此时唯一的长度参数是裂纹长度 a，因此式 (2-98) 中的积分必须与 a^2 成正比。引入比例常数 α，可将式 (2-98) 变成：

$$KE = \frac{1}{2} \alpha \rho a^2 \dot{a}^2 \frac{\sigma_c^2}{E^2} \qquad (2\text{-}99)$$

还可得到：

$$\dot{a} = \sqrt{\frac{2\pi}{\alpha}} \sqrt{\frac{E}{\rho}} \left(1 - \frac{a_0}{a} \right) \qquad (2\text{-}100)$$

这里的 $\sqrt{\dfrac{E}{\rho}}$ 刚好是声速 v_s，即材料中纵波波速。若 $a \to \infty$，则 $\dot{a} \to \sqrt{\dfrac{2\pi}{\alpha}} v_s$ 的速度。对脆性断裂，依据实验的结果，有如下表达：

$$\dot{a} = 0.38 v_s (1 - a_0/a) \tag{2-101}$$

已有的研究表明，如果材料的韧性较高，则 $\dot{a}/v_s$ 值偏小。以一般常用的钢管为例，其强度较低，但韧性高，$\dot{a}/v_s$ 值大约为 0.04，相当于裂纹有 200m/s 以上的扩展速率。失稳断裂时间 0.1s，那么钢管裂纹至少可以扩展 20m，破坏情况是极其严重的。若是钢发生脆性断裂，例如极寒地区的天然气管道，一旦破裂，1s 可以形成长达数百米甚至一千米的裂纹。因此，在设计时要采取加固和止裂的措施，在选材时也要选用具有较好止裂性能的钢材。

2.4　巴西圆盘实验及其相关理论

目前，测试脆性材料的拉伸强度一般有两种办法，即直接拉伸测试和巴西圆盘（Brazilian Disk，BD）试件劈裂间接测试。由于直接拉伸测试，对夹头和试件精度要求较高，且容易造成偏心拉伸、夹持损伤等因素，不利于测试脆性材料的抗拉强度。因此更方便的测试脆性材料的抗拉强度可采用巴西圆盘测试。

巴西圆盘是一种承受径向压缩载荷的圆柱体，广泛应用在岩石、混凝土等拉压不对称的脆性材料的力学与工程中，可以用来测量岩石的抗拉强度、弹性模量和断裂韧度等。

此外，含中心裂纹的巴西圆盘（Central Crack Brazilian Disk，CCBD）试件可以方便地改变中心裂纹的加载角，很适合用来研究纯Ⅰ型、Ⅰ-Ⅱ复合型和纯Ⅱ型裂纹的断裂问题。

BD 试验原理如图 2-16 所示。

尽管巴西圆盘测试方法简单，但同时巴西圆盘试样受多种因素约束，如垫板（条）刚度、强度的大小及垫板的尺寸、形状等，有时实验不符合 BD 劈裂要求，加载点处的应力集中使得加载点附近先起裂破坏，这就限制了 BD 试验的进一步发展和应用。为此，研究者们对巴西圆盘的加载方式或试件进行改进和完善，以满足特定的要求。目前针对 BD 试验提出的典型加载方式有平面压板加载、垫条加载、方垫块加载、相切圆弧垫块加载、大圆弧垫块加载和平台巴西圆盘加载 6 种，如图 2-17 所示。

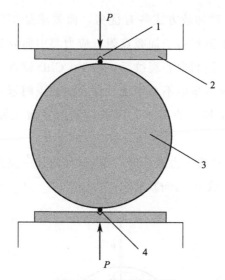

图 2-16　巴西圆盘试验

1—V 形凹槽；2—垫板；3—岩石试件；4—钢质压条

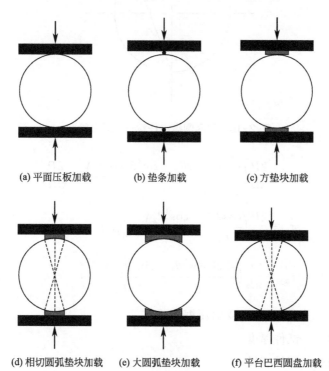

(a) 平面压板加载　　　(b) 垫条加载　　　(c) 方垫块加载

(d) 相切圆弧垫块加载　(e) 大圆弧垫块加载　(f) 平台巴西圆盘加载

图 2-17　巴西试验加载方式

　　研究表明，6种加载方式各有优劣，而要求是实现对径加载，且避免在加载过程中出现由于加载点附近应力集中而导致加载点先被破坏的不合理模式。预制中心裂纹后，由于CCBD试件断裂载荷相对较小，加载点附近应力集中不至于使试件在加载点附近先发生破坏，能够满足裂纹尖端先起裂的要求。因此，采用平面压板加载操作较简单、方便。

　　当BD承受对径集中力载荷时，BD试件内任一点处的应力如图2-18及式（2-102）～式（2-104）所示[10,11]。

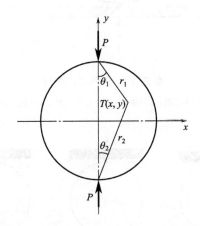

图2-18　巴西圆盘内任意一点受力简图

$$\sigma_x = \frac{2P}{\pi B}\left(\frac{\sin\theta_1{}^2\cos\theta_2}{r_1} + \frac{\sin^2\theta_2\cos\theta_1}{r_2}\right) - \frac{2P}{\pi BD} \tag{2-102}$$

$$\sigma_y = \frac{2P}{\pi B}\left(\frac{\cos\theta_1{}^3}{r_1} + \frac{\cos^3\theta_2}{r_2}\right) - \frac{2P}{\pi BD} \tag{2-103}$$

$$\tau_{xy} = \frac{2P}{\pi B}\left(\frac{\sin\theta_1\cos^2\theta_1}{r_1} - \frac{\sin^2\theta_2\cos\theta_2}{r_2}\right) \tag{2-104}$$

式中　P——BD试件承受的压缩荷载；

　　　B——试件厚度；

　　　D——试件直径。

　　在BD试件中心点有$r_1 = r_2 = \dfrac{D}{2}$，$\theta_1 = \theta_2 = 0°$代入式（2-103）、式

（2-104）可得 BD 试件横轴上的拉应力为：

$$\sigma_x = -\frac{2P}{\pi DB}$$ （2-105）

纵轴上的压应力为：

$$\sigma_y = \frac{6P}{\pi DB}$$ （2-106）

由上两式可以看出 BD 试件中心点处的压应力为拉应力的 3 倍，对于混凝土、岩石等脆性材料，其抗拉强度一般为抗压强度的 1/20～1/10。BD 试件中心既受压应力又受拉应力，但压应力不足以使试件发生破坏，当对径载荷足够大时 BD 试件中心拉应力首先达到临界值并起裂，此时试件中心拉应力大小即为材料的抗拉强度。因此，抗拉强度可以采用式（2-107）计算：

$$\sigma_t = \frac{2P_t}{\pi DB}$$ （2-107）

式中　P_t——破坏载荷；

　　　σ_t——材料的抗拉强度。

对于 CCBD 试件，如图 2-19 所示。

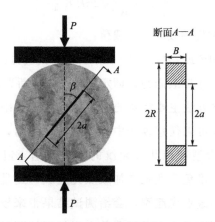

图 2-19　中心裂纹巴西圆盘测试加载装置

断裂参数 K_{I}、K_{II} 和 T 应力可以转化成无量纲的形式：

$$K_{\text{I}} = \frac{P}{RB}\sqrt{2\pi R}\, K_{\text{I}}^{*} \qquad (2\text{-}108)$$

$$K_{\text{II}} = \frac{P}{RB}\sqrt{2\pi R}\, K_{\text{II}}^{*} \qquad (2\text{-}109)$$

$$T = \frac{4P}{RB}\, T^{*} \qquad (2\text{-}110)$$

式中　P——应用载荷；

　　　B——试件厚度；

　　　R——CCBD 试件半径。

对于确定的几何形状和载荷工况，其裂纹尖端的无量纲应力强度因子 K_{I}^{*}、K_{II}^{*} 和无量纲的 T 应力 T^{*} 是一个定值，大小仅仅取决于 BD 试件的几何参量（如裂纹长径比 $\alpha = a/R$，加载角 β），与 BD 试件本身材料属性，以及所承受的载荷大小等无关。因此，试件的几何参数和加载位置一旦确定，则断裂参数 K_{I}^{*}、K_{II}^{*} 和 T^{*} 可以通过有限元法、权函数法或相互作用积分法等方法计算得到。基于应力强度因子这一参数，可用如下式子定义材料的断裂韧性：

$$K_{\text{I}f} = \frac{P_f}{RB}\sqrt{2\pi R}\, K_{\text{I}}^{*} \qquad (2\text{-}111)$$

$$K_{\text{II}f} = \frac{P_f}{RB}\sqrt{2\pi R}\, K_{\text{II}}^{*} \qquad (2\text{-}112)$$

式中　　　P_f——试件的破坏失效载荷；

$K_{\text{I}f}$、$K_{\text{II}f}$——SIF K_{I} 和 K_{II} 的临界值，且代表材料在混合型加载条件下断裂阻力，即定义为材料的断裂韧性。

巴西圆盘测试方法主要针对的是拉伸强度、压缩强度不对称的材料，而 CCBD 试件可以任意改变中心裂纹的加载角，很适合用来研究纯 I 型、I-II 复合型和纯 II 型裂纹的起裂问题。但是巴西圆盘试件在进行加载测试时难免会遇到是加载点先起裂，还是圆盘中心先起裂的问题；如果是加载点先起裂，会给测试结果带来较大的误差，在试验过程中需要特别注意。在采用霍普金森杆间接测量混凝土、岩石的动态起裂韧性时，这一特点更为明显。需要结合应变测量、高速摄像等手段明确导致中心先起裂的加载速率的临界值，在这个速率以下研究获得的间接抗拉强度的率相关性才有实际意义。另外，还存在裂纹方向和加载方向夹角比较大时的情况。此时，在压缩和剪切载荷共同作用下，裂纹面有闭合的趋势，裂纹面之间的接触和摩擦作用会对结果产生重要影响。采用有限元这类连续性的方法模拟这一过程存在较大的难度。国内、外学者更多采用离散元相关方法研究这种工况下巴西圆盘的断裂过程，试验结果吻合较好[15]。

2.5　超确定有限元法

超确定有限元法由 Ayatollahi 等[16] 提出，利用裂尖附近节点的坐标和位移场来求解 Williams 级数展开式高阶项系数的超定方法。

在本书范围内，坐标和位移场通过裂尖局部网格替代的扩展有限元法（XFEM-based Local Mesh Replacement Method，LMR-XFEM）导出，并将坐标、位移场数据代入裂尖 Williams 级数展开式当中，可得到一组超定方程组，然后可利用最小二乘法确定最优解，可获得裂尖 Williams 级数中需要求解的系数。该方法简单，且能够获得十分精确的结果。在 Williams 级数中裂尖的渐进位移场为：

$$u = \sum_{n=0}^{N} \frac{A_n}{2\mu} r^{\frac{n}{2}} \left\{ \left[\kappa + \frac{n}{2} + (-1)^n \right] \cos\frac{n}{2}\theta - \frac{n}{2}\cos\left(\frac{n}{2} - 2\right)\theta \right\}$$

$$+ \sum_{n=0}^{M} \frac{B_n}{2\mu} r^{\frac{n}{2}} \left\{ \left[-\kappa - \frac{n}{2} + (-1)^n \right] \sin\frac{n}{2}\theta + \frac{n}{2}\sin\left(\frac{n}{2} - 2\right)\theta \right\}$$

$$= f_0 A_0 + \sum_{n=1}^{N} A^n f_n^{\mathrm{I}}(r,\theta) + \sum_{n=1}^{M} B^n f_n^{\mathrm{II}}(r,\theta) \qquad (2\text{-}113)$$

$$v = \sum_{n=0}^{N} \frac{A_n}{2\mu} r^{\frac{n}{2}} \left\{ \left[\kappa - \frac{n}{2} - (-1)^n \right] \sin\frac{n}{2}\theta + \frac{n}{2}\sin\left(\frac{n}{2} - 2\right)\theta \right\}$$

$$+ \sum_{n=0}^{M} \frac{B_n}{2\mu} r^{\frac{n}{2}} \left\{ \left[\kappa - \frac{n}{2} + (-1)^n \right] \cos\frac{n}{2}\theta + \frac{n}{2}\cos\left(\frac{n}{2} - 2\right)\theta \right\}$$

$$= g_0 B_0 + \sum_{n=1}^{N} A^n g_n^{\mathrm{I}}(r,\theta) + \sum_{n=1}^{M} B^n g_n^{\mathrm{II}}(r,\theta) \qquad (2\text{-}114)$$

裂纹尖端处刚体的平移和转动如图 2-20 所示。

如图 2-20 所示，其中 u 和 v 表示 x 和 y 方向的位移，$\mu = E/2(1 +$

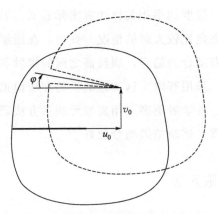

图 2-20　裂纹尖端处刚体的平移和转动

ν) 是剪切模量。对于平面应力问题，Kolosov 常量为 $\kappa=(3-\nu)/(1+\nu)$；对于平面应变问题，Kolosov 常量为 $\kappa=3-4\nu$。f_n^{I} (r,θ)、f_n^{II} (r,θ)、g_n^{I} (r,θ) 和 g_n^{II} (r,θ) 分别是相关于裂纹尖端极坐标 r 和 θ 的角函数；A_n 与 B_n 分别是和 I 型与 II 型裂纹相对应的系数。其中 $K_{\text{I}}=\sqrt{2\pi}A_1$，$K_{\text{II}}=-\sqrt{2\pi}B_1$，$T=4A_2$。当 $n=0$ 时，有：

$$u_0=\frac{\kappa+1}{2\mu}A_0=f_0A_0 \tag{2-115}$$

$$v_0=\frac{\kappa+1}{2\mu}B_0=g_0B_0 \tag{2-116}$$

位移分量 u_0 和 v_0 表示裂纹尖端的刚体平移；当 $n=2$ 时，有：

$$u_2=-\frac{\kappa+1}{2\mu}B_2r\sin\theta=-\frac{\kappa+1}{2\mu}B_2y=\varphi y \tag{2-117}$$

$$v_2=\frac{\kappa+1}{2\mu}B_2r\cos\theta=\frac{\kappa+1}{2\mu}B_2x=-\varphi x \tag{2-118}$$

B_2 直接相关于裂纹尖端的刚体的转动，转动大小为 $\varphi=-(\kappa+1)B_2/2\mu$，$\varphi$ 是从裂纹初始面到变形后裂纹二分面之间的夹角。因此，如图 2-21 所示，裂尖的平移取决于系数 A_0 和 B_0，而裂尖的转动取决于系数 B_2。

围绕裂尖选择一组节点（k 个节点），代入节点的坐标、位移分量可以得到一组方程组：

$$
\begin{bmatrix} u_1 \\ u_2 \\ \vdots \\ u_k \\ v_1 \\ v_2 \\ \vdots \\ v_k \end{bmatrix} = \begin{bmatrix} f_1^{\mathrm{I}}(r_1,\theta_1) & \cdots & f_N^{\mathrm{I}}(r_1,\theta_1) & f_1^{\mathrm{II}}(r_1,\theta_1) & f_3^{\mathrm{II}}(r_1,\theta_1) & f_4^{\mathrm{II}}(r_1,\theta_1) & \cdots & f_M^{\mathrm{II}}(r_1,\theta_1) & f_0 & 0 & f_2^{\mathrm{II}}(r_1,\theta_1) \\ f_1^{\mathrm{I}}(r_2,\theta_2) & \cdots & f_N^{\mathrm{I}}(r_2,\theta_2) & f_1^{\mathrm{II}}(r_2,\theta_2) & f_3^{\mathrm{II}}(r_2,\theta_2) & f_4^{\mathrm{II}}(r_2,\theta_2) & \cdots & f_M^{\mathrm{II}}(r_2,\theta_2) & f_0 & 0 & f_2^{\mathrm{II}}(r_2,\theta_2) \\ \vdots & & \vdots & \vdots & \vdots & \vdots & & \vdots & \vdots & \vdots & \vdots \\ f_1^{\mathrm{I}}(r_k,\theta_k) & \cdots & f_N^{\mathrm{I}}(r_k,\theta_k) & f_1^{\mathrm{II}}(r_k,\theta_k) & f_3^{\mathrm{II}}(r_k,\theta_k) & f_4^{\mathrm{II}}(r_k,\theta_k) & \cdots & f_M^{\mathrm{II}}(r_k,\theta_k) & f_0 & 0 & f_2^{\mathrm{II}}(r_k,\theta_k) \\ g_1^{\mathrm{I}}(r_1,\theta_1) & \cdots & g_N^{\mathrm{I}}(r_1,\theta_1) & g_1^{\mathrm{II}}(r_1,\theta_1) & g_3^{\mathrm{II}}(r_1,\theta_1) & g_4^{\mathrm{II}}(r_1,\theta_1) & \cdots & g_M^{\mathrm{II}}(r_1,\theta_1) & 0 & g_0 & g_2^{\mathrm{II}}(r_1,\theta_1) \\ g_1^{\mathrm{I}}(r_2,\theta_2) & \cdots & g_N^{\mathrm{I}}(r_2,\theta_3) & g_1^{\mathrm{II}}(r_2,\theta_2) & g_3^{\mathrm{II}}(r_2,\theta_2) & g_4^{\mathrm{II}}(r_2,\theta_2) & \cdots & g_M^{\mathrm{II}}(r_2,\theta_2) & 0 & g_0 & g_2^{\mathrm{II}}(r_2,\theta_2) \\ \vdots & & \vdots & \vdots & \vdots & \vdots & & \vdots & \vdots & \vdots & \vdots \\ g_1^{\mathrm{I}}(r_k,\theta_k) & \cdots & g_N^{\mathrm{I}}(r_k,\theta_k) & g_1^{\mathrm{II}}(r_k,\theta_k) & g_3^{\mathrm{II}}(r_k,\theta_k) & g_4^{\mathrm{II}}(r_k,\theta_k) & \cdots & g_M^{\mathrm{II}}(r_k,\theta_k) & 0 & g_0 & g_2^{\mathrm{II}}(r_k,\theta_k) \end{bmatrix} = \begin{bmatrix} A_1 \\ \vdots \\ A_N \\ B_1 \\ B_3 \\ B_4 \\ \vdots \\ B_M \\ A_0 \\ B_0 \\ B_2 \end{bmatrix}
$$

$$\tag{2-119}$$

或者

$$[U]_{2k \times 1} = [C]_{2k \times (N+M+2)} [X]_{(N+M+2) \times 1} \tag{2-120}$$

式中　$[U]$ ——节点位移向量；

$\quad\quad [C]$ ——相关于角函数 $f(r,\theta)$ 和 $g(r,\theta)$ 的节点位置坐标矩阵。

为获得一个较为精确的解，一般选取远离裂尖（$a/4 < r < a/2$）的节点，选择节点的个数 k 和求解未知数个数需满足关系式 $k > N + M + 2$。利用最小二乘法可得到：

$$
\begin{aligned}
& [C]^T [U] = [C]^T [C] [X]; \\
& [X] = ([C]^T [C])^{-1} [C]^T [U]
\end{aligned}
\tag{2-121}
$$

2.6　断裂力学在工程上的应用原则

20 世纪 50 年代中期以来，断裂力学经历了一个蓬勃发展的阶段，在许多领域取得了成功，特别是对于使用大量高强度合金的航空工业和宇航工业，断裂力学提供了一系列更有效的观念和测试方法，因而提高了生产的安全性、降低了成本。虽然断裂力学可以说是弹性力学和塑性力学的分支，但是它在工程上的应用似乎比这两门传统科学更为广泛。当然，单靠断裂力学并不能解决工程上所有的破裂问题，断裂力学必须与传统的强度理论、金属材料学、加工工艺等方面的学科有机结合起来，才能在实际应用中减少灾难性的破坏事故。断裂力学与传统强度理论的最大不同之处是承认构件总是有缺陷或微裂纹，而这些缺陷或微裂纹至少有一个会发展成宏观裂纹，引起低应力下的脆性断裂或韧性断裂。如果断裂时的工作载荷已接近传统强度理论的预测值，则此构件必须分别考虑断裂力学理论和强度理论，取其中较保守的值来作为许用工程载荷。首先是在选材方面，以往是根据材料的机械性能进行选择，包括屈服强度、抗拉强度、延伸率和断面收缩率等。在断裂力学提出描述裂纹尖端应力、应变场强度的力学参量之后，与脆性断裂相关的 K_{IC} 和 G_{IC}、与韧性断裂相关的 J_R 和 $CTOD$ 值等也可视为材料新的机械性能之一。即选材时要综合考虑材料的强度指标和韧性指标。如在疲劳载荷条件下工作的构件，还必须考虑材料的疲劳强度和疲劳裂纹扩展率等数据。而在腐蚀性介质或其他活性介质环境下工作的构件，还必须考虑化学腐蚀、应力腐蚀、腐蚀疲劳和氢脆的影响。这些影响与冶金因素、温度、介质浓度等有关。对贵重的、涉及人身安全的结构或设备，设计前必须先得到第一手的材料，包含所有的机械性能以及与上述现象有关的数据。对相对来说不重要的结构或设备，至少要有第一手的、常规的机械性能数据。对实验时间比较长的化学腐蚀、应力腐蚀或疲劳等，虽不能拿到第一手数据，也必须参考已有的研究成果来判断选材和设计是否恰当。对于提高构件寿命的措施，在选择相同强度的基础上控制裂纹的萌生和扩展的快慢比提高断裂韧度有更明显的效果。此时就要求不断地提高探伤检查技术，使之能发现更小的缺陷。延缓裂纹萌生也可以通过构件的表面强化处理，或采用其他保护措施以及改善介质工作环境而得到明显的效果，这些措施的效益也比既要提高韧度而又不损失强度的措施来的高。

此外是应用断裂力学指导结构设计。对于强度较低、韧度较高的钢材，其断裂往往是韧性断裂。用这类钢材和低强度钢来设计的结构，设计原理要分别考虑韧性断裂判据和强度极限判据，甚至更保守地直接采用屈服判据。由于断裂韧度与构件的截面积大小有关，所以通常是大截面构件才要考虑韧性断裂问题，而小截面只要考虑强度就已足够。随着强度的增加，断裂渐渐地由韧性断裂转化为脆性断裂。对于超高强度钢一般都要考虑断裂和裂纹扩展问题，在截面积非常小时还要额外考虑强度问题，然后取其较保守的来指导设计。设计上的许用应力和工作应力就是根据上述原则，视钢材的种类不同，由断裂力学或强度理论来定出的。断裂力学的设计与传统设计最大的不同点在于承认构件存在缺陷，这些缺陷可以理想化为裂纹，经过亚临界裂纹扩展阶段，最后发生失稳断裂。因此，断裂力学提出两个指导设计的观念，即破断-安全和安全-寿命。前者的设计是根据断裂韧度，当知道有裂纹存在时估计断裂载荷；或者当知道工作载荷时，估计断裂时的裂纹尺寸。而后者的设计要求在断裂前能够检测出裂纹的尺寸和位置，这也是结构裂纹容限问题，即可容忍多长的裂纹并且不发生危险。

　　工业用锅炉和压力容器绝大多数是用强度不高、韧性较好、焊接性能良好的钢板制造的。如果锅炉与压力容器能够在破裂前维持一段不算短的时间，这就有利于在发生严重事故前，及早发现裂纹和检修。满足这种要求的设计就能合乎先漏后破的原则。如果在泄漏前就可能发生整个结构的破坏，这就是先破后漏的情况。由于这种情况造成的事故通常是突然发生，容易造成重大的财产损失。是否能满足设计要求，不但取决于钢材的韧度，也取决于容器壁厚和工作内压，同时还与内壁表面裂纹的长度和深度有关。在相同的材料和壁厚的情况下，短而深的表面裂纹比较有可能发生先漏后破；相反地，长而浅的表面裂纹比较容易发生先破后漏。这方面的判断，可根据断裂性质是脆性还是韧性、断裂韧度和有效判据来予以评估。对于管道，更重要的是在破裂以后能使裂纹扩展减慢，以致止裂。由于裂纹失稳扩展的速率相当快，在发生解理的脆性断裂时扩展速率为 $500 \sim 800 \mathrm{m/s}$，而在韧性断裂时也可能达到 $200 \mathrm{m/s}$ 左右。如果一条输油或输气管道因不能很快止裂而引起破坏，其损失是难以估量的。能否止裂，一方面取决于裂纹扩展率的大小，另一方面取决于管道泄漏引起内部减压的速度大小。对输送液体的管道，破裂可以很快达到减压的效果。而对气体的输送管道，减压的快慢由气体传播声波的速度决定。通常管道应考虑用韧性较好的钢材。韧性好的钢材，其抗应力腐蚀的能力比较好，这在天然气管道的设计中是很重要的考虑因素。管道表面裂纹的起裂和扩展行为，仍是研究的热点问题。当知道没有断裂危险时，接着想确定的是这个缺陷或裂纹会不会产生亚临界裂纹扩展，还有多长的寿命。断裂的过程分析及其控制与预防是线弹性断裂力学核心的意义所在。工程师的责任就是根据材料特性、裂纹分布、载荷状态和历史事故分析等因素，全面衡量一个含裂纹的结构是否安全，寿命还有多长。如果继续运行，在预估的寿命期内将有多大的风险。这个工作称为结构裂纹评估问题。评估的结果将给出在工作载荷和工作环境下的临界裂纹尺寸、结构寿命估算、残余寿命期内的危险以及出现意外事故的概率。裂纹评估后的工作包括对零构件进行修理、替换、抛弃或继续使用等措施。评估后处理的措施除了考虑安全性之外，还需考虑成本，包括停机的损失和零件、构件的材料费和加工费。采取措施后的零件和构件又继续使用，直到下一个探伤检查周期到来。在评估时要全盘考虑构件的形状、大小及用途，构件的应力状态，裂纹性质，工作环境和构件的材料特性等方面。

经过七十余年的发展，断裂力学已建立起比较完整的体系，在工业领域的多个方面得到广泛的应用。随着矿产资源和能源的逐渐短缺，合理且有效地发挥材料特性是必然的发展趋势。在这种前景下，新的冶金工艺将提供更多的新材料。这些材料将具有比旧材料强度高、韧性好等综合机械性能，可以在更恶劣的工作环境下长期使用，例如近年来新发展的非晶、高熵合金等。工程断裂力学将在这一类新材料的应用领域占有相当重要的指导地位。随着工业安全越来越受到重视，断裂力学的应用将继续在指导选材、指导设计和断裂分析中扮演更重要的角色。目前的弹塑性断裂力学理论仍需进一步发展完善，在复杂裂纹问题的数值计算中还必须加以简化和降低计算费用；在实验测试方面也有必要更精确、更迅速和更加自动化。

断裂力学与岩石力学相结合也是近二十余年来研究的热点。例如，水力压裂问题。水力压裂是油、气井增产增注的主要措施，在低渗透油、气田的开发中发挥着重要作用。水力压裂是裂隙内渗流与岩体应力场、岩体强度等诸多复杂因素的相互作用与影响的结果，是裂隙岩体流固耦合研究的一个重要方向。在页岩气开采中，水平井多段压裂是一种有效的技术手段。施工设计要求人工裂纹能够尽量生成横向直裂缝以延伸到较远地层区域，沟通更大面积储层以提高导流率。但由于裂缝在各类影响因素干扰下会偏离预设方向而生成非平面裂缝，会严重降低压裂效果。考虑岩石各向异性对水力裂缝扩展形态的影响是压裂施工设计的关键力学问题之一。另外，页岩地层中包含大量的天然裂缝，水力裂缝在扩展过程中与地层中天然裂缝相交形成复杂的缝网，能显著地提高地层导流率。因此，研究水力裂缝与不同类型的天然裂缝或岩石节理相互作用的行为对预测页岩地层中复杂缝网形成过程具有重要的意义。而这个过程是设计岩石骨架变形、裂缝起裂和扩展、裂缝中流体流动、压裂液损失和岩石基质中孔隙渗流的多场耦合复杂力学问题的关键。受限于理论和实验研究的局限性，数值模拟是研究水力压裂的一种有效的手段，而其中扩展有限元法是近年来常用于这一领域的数值方法。在国内，清华大学、武汉大学和中国科学院力学研究所等单位率先开展了相关的理论与数值研究。除了页岩气之外，煤层气开采也是极其重要的一个方面。然而煤体的基本性质与页岩有着较大的差异，不同深度煤体的压裂和缝网形成的机制更为复杂多变。整个破裂过程涉及固体、液体和气体之间的相互作用，甚至包含复杂的化学反应。断裂力学势必在这些领域面临更大的挑战和发挥更加重要的作用。

参考文献

[1] 程靳，赵树山. 断裂力学. 北京：科学出版社. 2006.
[2] 王铎. 断裂力学. 哈尔滨：哈尔滨工业大学出版社. 1979.
[3] 解德，钱勤，李长安. 断裂力学中的数值计算方法及工程应用. 北京：科学出版社，2009.
[4] 陆毅中. 工程断裂力学. 西安：西安交通大学出版社. 1986.
[5] 王勖成，有限单元法. 北京：清华大学出版社. 2003.
[6] 铁摩辛柯，古地尔. 弹性理论 [M]. 徐芝纶，译. 北京：高等教育出版社.1990.
[7] GB 4161—2007.
[8] GB 2038—1991.
[9] GB/T 23806—2009.
[10] 王启智，吴礼州. 用平台巴西圆盘试样确定脆性岩石的弹性模量、拉伸强度和断裂韧度. 第二部分，实验结果 [J]. 岩石力学与工程学报，2004，23：199-204.
[11] 宫凤强，李夕兵. 巴西圆盘劈裂试验中拉伸模量的解析算法 [J]. 岩石力学与工程学报，2010，29 (5)：881-891.
[12] Zhu X K, Joyce J A. Review of fracture toughness (G，K，J，CTOD，CTOA) testing and standardization [J]. Engineeering Fracture Mechanics，2012，85：1-46.

裂尖局部网格替代的扩展有限元法及其应用

[13]　Williams M L. On the Stress Distribution at the Base of a Stationary Crack [J]. Asme Journal of Applied Mechanics，1957，24：109-114.

[14]　Nishioka T，Atluri S N. Numerical Modeling of Dynamic Crack Propagation in Finite Bodies，by Moving Singular Elements - Part I：Formulation [J]. Journal of Applied Mechanics，1980，47（3）：570-576.

[15]　O' Sullivan C. Particulate discrete element modelling：A Geomechanics Perspective. Spon Press. 2011.

[16]　Ayatollahi M R，Nejati M. An over-deterministic method for calculation of coefficients of crack tip asymptotic field from finite element analysis [J]. Fatigue & Fracture of Engineering Materials & Structures，2011，34（3）：159-176.

第 3 章　扩展有限元法的基本框架

　　固体力学中存在两类典型的不连续问题：一类是因材料特性突变引起的"弱"不连续，这类问题以双材料问题和夹杂问题为代表，其复杂性由物理界面处的应变不连续性引起；另一类是因物体内部几何突变引起的"强"不连续，以裂纹问题为代表，其复杂性由几何边界处的位移不连续和端部的奇异性引起。而物体内部物理界面的脱粘或起裂，是上述两类问题的混合[1]。

　　传统的数值方法，如有限元法、边界元法、无单元法等，是处理不连续问题的主要工具。常规有限元法采用连续函数作为形函数，且要求在同一个单元内材料属性连续。因此，在处理裂纹扩展问题时需要不断重新划分单元，还要求裂纹面与网格边界重合。边界元方法需要理论解支持，求解范围受到一定限制，也不便处理非线性、多介质等复杂问题。虽然无单元方法能够很方便地处理裂纹扩展问题，但与有限元法相比，无单元方法的计算效率较低，还存在一些未确定的参数如插值域大小、背景积分域大小等，没有成熟的商业软件包[2]。扩展有限元方法（Extended Finite Element Method，XFEM）继承了传统有限元的技术成熟、计算效率高等优点，同时具有处理裂纹扩展问题不必重新划分网格的优点。

　　本章将对扩展有限元法处理裂纹问题的基本思想和数学表达格式进

行简要介绍，并结合典型的算例证明其有效性。

3.1 基本原理

在小变形前提下，对于具有内部边界的弹性体，其控制方程可以表示为：

$$\nabla \cdot \boldsymbol{\sigma} + \boldsymbol{b} = 0 \quad \text{在区域 } \Omega \text{ 内} \tag{3-1}$$

$$\boldsymbol{\sigma} \cdot \boldsymbol{n} = \bar{\boldsymbol{t}} \quad \text{在边界 } \Gamma_t \text{ 上} \tag{3-2}$$

$$\boldsymbol{\sigma} \cdot \boldsymbol{n} = 0 \quad \text{在边界 } \Gamma_c \text{ 上} \tag{3-3}$$

$$\boldsymbol{u} = \bar{\boldsymbol{u}} \quad \text{在边界 } \Gamma_u \text{ 上} \tag{3-4}$$

式中　　Ω——所求解问题的区域，如图 3-1 所示；

　　　　$\boldsymbol{\sigma}$——Cauchy 应力；

Γ_t、Γ_c 和 Γ_u——施加外力的边界、裂纹面以及施加位移的边界，其中裂纹面为自由表面；

　　　　$\boldsymbol{n}$——上述边界对应的单位外法线向量；

　　　　$\boldsymbol{b}$——体力项。

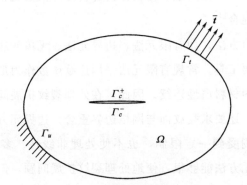

图 3-1　含内部裂纹的边值问题

几何关系及本构关系可以分别表示为：

$$\boldsymbol{\varepsilon} = \nabla_s \boldsymbol{u} \tag{3-5}$$

$$\boldsymbol{\sigma} = \boldsymbol{C} : \boldsymbol{\varepsilon} \tag{3-6}$$

式中　∇_s——梯度算子的对称部分。

3.1.1 基于单位分解的扩展有限元法

扩展有限元法是基于 Melenk 和 Babuska 在 1996 年提出的单位分解的思想（Partition of Unity，PU）。其涵义是任意函数 $\psi(x)$ 都可以在求解区域 Ω 内表示成如下的形式：

$$\psi(x) = \sum_I N_I(x)\Phi(x) \tag{3-7}$$

式中　$N_I(x)$ 满足单位分解：$\sum_I N_I(x) = 1$；

　　$\Phi(x)$——增强函数。

在此基础上可以引入待定参数 q_I 对式（3-7）右端进行调整以对 $\psi(x)$ 达到最佳近似。

$$\psi(x) = \sum_I N_I(x)q_I\Phi(x) \tag{3-8}$$

扩展有限元法（XFEM）通过在标准场近似的基础上添加增强项以对复杂未知场（例如有尖端的位移场和有奇异性特点的应力场）进行更为精确的描述。在 XFEM 中，未知场 u^h 的有限元逼近由两部分组成：

$$u^h = \sum_I N_I(x)u_I + \psi(x) \tag{3-9}$$

式中　$N_I(x)$——有限元的形状函数；

　　u_I——标准节点自由度。

增强项用于改进未知场的特性。利用单位分解的思想，可将式（3-9）进一步表示为：

$$u^h = \sum_I N_I(x)u_I + \sum_J N_J(x)\Phi(x)q_J \tag{3-10}$$

式中　q_J——新增加的（虚拟的）单元节点自由度，并无明确的物理意义，只是用于调整增强函数的幅值以对真实场达到最佳逼近效果的待定系数。

式（3-10）右端第一项是标准的有限元逼近；第二项则是基于单位分解的增强项。式（3-10）即为 XFEM 中使用的扩展有限元位移的逼近模式。与传统的有限元位移模式相比较，最大区别在于单元节点处增加了虚拟的自由度。还可以将其表示为：

$$u^h = \sum_I N_I(x)u_I + \sum_J \psi_J(x)q_J \tag{3-11}$$

其中，定义 $\psi_J(x)=N_J(x)\varPhi(x)$。很容易想到，针对具体求解的问题需要选用不同的增强函数。而构造增强函数时，需要提前知道并使其具有未知场的真实解的某些特性，以提高计算精度和增加收敛速度，在实际使用中往往基于真实解的解空间来选取，这一点在庄茁教授的著作中有明确阐述[2]。

在特殊情况下，如果 $\varPhi(x)$ 取精确解，$u_I=0$ 且 $q_J=1$ 时，式（3-11）就是对未知场 u^h 的精确描述。需要指出的是，用于增强项单位分解的形函数 N_J 可以不同于有限元标准项的形函数 N_I，但是为了求解方便，二者一般保持一致。当未知场为矢量场（如位移场）时，节点自由度也相应地表示为矢量。从以上描述可以发现，XFEM 类似于传统有限元法中的 p 型逼近，即不增加单元数量而通过改善形函数特性以逼近真实解。但 p 型逼近中增加的节点自由度多在单元区域内部，而XFEM 中增加的虚拟自由度仍然在原来的单元节点上，给求解带来了很大的方便，这也是该方法的优势之一。

3.1.2　水平集函数

由于扩展有限元法（XFEM）允许不连续体，如裂纹面和夹杂界面穿过初始结构化的单元，即所采用的网格和不连续体之间是相互独立的。这就需要对不连续体进行有效的几何描述。水平集法（Level Sets Method）是常用的方法之一。另外，在 XFEM 中构造增强函数时，为了判断对应节点和不连续体间的位置关系也需要借助于水平集函数。

水平集法是一种用来追踪不连续体，包括裂纹和夹杂界面运动的数值方法。它具有许多显著的优点：

① 不连续体的几何特性可以由水平集函数完全描述；

② 能在固定的、结构化的网格上计算不连续体的运动；

③ 不连续体可以是任意形状，包括直线、曲线和折线等；

④ 易于推广到更高的维数。

在水平集法中，与空间、时间有关的零水平集函数 $f(\boldsymbol{x}(t),t)$ 被用来描述与网格无关的不连续。因为增加了时间变量，所以水平集函数 f 要比不连续体的维数高出一维。在计算过程中，不连续体上的点始终要满足：

$$f(\boldsymbol{x}(t),t)=0 \tag{3-12}$$

空间满足这一条件的点形成一个集合 $\gamma(t)$。在不连续体两侧，水平集函数的符号相反。一种常用的水平集函数的构造方法是符号距离函数：

$$f(\boldsymbol{x},t)=\pm\min_{x_\gamma\in\gamma(t)}\|\boldsymbol{x}-\boldsymbol{x}_\gamma\| \tag{3-13}$$

其物理意义是计算域内任意一点的符号距离函数等于从这一点到不连续体的最短的距离，并且不连续体两侧的点具有不同的符号。因此，它具备水平集函数的基本特性：在不连续体上等于零，在不连续体两侧异号。水平集函数随着不连续体（包括裂纹面、夹杂界面）的演化过程不断地构建与更新，它们包含了计算域内不连续体捕捉及追踪的基本要素，从而可以精确描述与网格无关的不连续体。关于更详尽的水平集法的介绍读者可以参考文献 [1-3]。综上所述，单位分解概念保证了 XFEM 的收敛，并在 XFEM 的逼近空间中增加了与问题相关的特征函数。而水平集法是 XFEM 中确定内部界面位置和跟踪其生长的数值方法，任意复杂界面都可用它的零水平集函数表示。这两方面的内容是构建 XFEM 并用于处理不连续问题的基石。下面介绍如何将增强函数与水平集函数联系起来求解裂纹或夹杂问题。

图 3-2 所示是含裂纹的二维平面模型。其中，一条包含两个裂尖的曲线裂纹 Γ_c 穿过初始结构化的网格。节点集合 I、J、K 分别表示所有普通节点、被裂纹割裂单元节点（图中的圆形节点）和裂尖所在单元节点（图中的方形节点），通过节点形函数的支集是否或如何被裂纹所穿透来区分。

下面分别介绍针对不同的节点集合采用的增强函数。

（1）对于被裂纹完全穿过的单元，裂纹面两侧的位移场发生跳跃，增强函数可以用如下形式：

$$\psi_J(x)=N_J(x)H(f(x)) \tag{3-14}$$

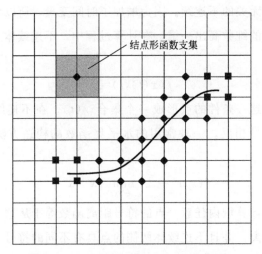

图 3-2　二维裂纹问题中增强节点的选择

$$H(x) = \begin{cases} 1 & x \geqslant 0 \\ -1 & x < 0 \end{cases} \tag{3-15}$$

$$f(\boldsymbol{x}) = \min_{\overline{\boldsymbol{x}} \in \Gamma_c} \| \boldsymbol{x} - \overline{\boldsymbol{x}} \| sign(n^*(\boldsymbol{x} - \overline{\boldsymbol{x}})) \tag{3-16}$$

式中　$H(x)$ ——广义的 Heaviside 函数；

　　　$f(\boldsymbol{x})$ ——水平集函数；

　　　$\boldsymbol{n}^*$ ——不连续体 Γ_c 上的单位法向量。

对于不在其上的任何点 $\boldsymbol{x}$，$f(\boldsymbol{x})$ 是从 $\boldsymbol{x}$ 到 Γ_c 的最短距离。并且对此距离以如下方式定义正负：如果点 $\boldsymbol{x}$ 所在的位置与 $\boldsymbol{n}^*$ 指向一致，取正；如果在另外一侧，取负。这种类型的增强函数又称为阶跃增强函数，用于表征由于裂纹存在而导致的单元位移场存在强间断。

（2）对于裂尖周围的节点，可采用如下形式的增强函数：

$$\psi_J(x) = N_J(x)\Phi(x) \tag{3-17}$$

式中　$\Phi(x)$ 可以是特征函数式（3-18）的线型组合：

$$\Phi(x) = \left(\sqrt{r}\sin\frac{\theta}{2}, \sqrt{r}\cos\frac{\theta}{2}, \sqrt{r}\sin\frac{\theta}{2}\sin\theta, \sqrt{r}\cos\frac{\theta}{2}\sin\theta \right) \tag{3-18}$$

式中　r 和 θ ——在裂尖极坐标系中定义的位置参数。

读者不难发现，上面的增强函数中采用的特征函数正是线弹性断裂力学中平面复合型裂纹的裂尖位移场解析解的各项。用它们来构造裂尖形函数不仅可以表现裂纹面不连续的性质，同时还能精确地描述裂尖位移场。这种类型的增强函数被称为裂尖增强函数。正是因为 XFEM 引入了增强函数的思想，所以在计算时可以把一些已知解答的信息以形函数的方式添加到有限元位移插值模式中。这样做不仅可以改善计算精度，还能大大缩减计算时间。上述特点也是 XFEM 区别于传统有限元法的主要方面。

将两类增强函数引入传统有限元位移逼近，XFEM 对应的位移模式可以表示为：

$$u^h(x) = \sum_{i \in I} N_i u_i + \sum_{j \in J} N_j b_j H(x) + \sum_{k \in K} N_k \sum_{l=1}^{4} c_k^l \Phi(x) \quad (3\text{-}19)$$

式（3-19）中，等号右边第一项为传统有限元位移模式；N_i、N_j 和 N_k 皆为传统的有限元节点形函数；后两项则是由于裂纹这一不连续体的存在而产生的增强项。$H(x)$ 为 Heaviside 阶跃函数，如式（3-15）所示；$\Phi(x)$ 则是从已知裂尖场解析解中提取的角函数，如式（3-18）所示，用于表征裂尖应力场的奇异性；b_j 和 c_k^l 是由增强项引入的虚拟自由度。这里裂尖节点的选择具有灵活性，可以只选择裂尖前一个单元，也可以选择多个单元，即通过扩大增强节点的区域以提高收敛速度。本书绪论中曾经提到，当对裂纹面及裂尖所在单元进行 XFEM 增强后会造成其相邻单元只有部分节点具有虚拟的附加自由度，导致增强后的形函数在这些单元内将不再满足单位分解的特性。这种单元称为混合单元。混合单元的出现会影响计算精度和收敛速度。此时，可用如下方法修正：

$$\psi_J(x) = N_J(x)(H(f(x)) - H(f(x_J))) \quad (3\text{-}20)$$

上述偏置的方法使得该形函数在混合单元内为零，这样裂纹面所在单元的虚拟自由度将不再影响相邻单元。该方法在裂纹问题中已经得到广泛应用。对于裂尖增强函数，引入权函数的思想对混合单元内的增强形函数进行修正[2]：

$$\psi_J(x) = N_J(x)\Phi(x)R(x) \quad (3\text{-}21)$$

这里的 $R(x)$ 是在混合单元内逐渐递减的渐变函数（Ramp Function）。该方法使得混合单元的单位分解属性得到保留，有效解决了收敛速度慢的问题，并且保证程序实现起来非常方便。在 XFEM 中，裂尖可以在单元内部任意位置终止，也可以在单元边界上终止。根据算法的特点，可以根据实际情况灵活地选取增强节点和形函数。另外，和夹杂界面相关的增强函数的选取也有多种办法，本书在绪论中已经做了简要介绍，感兴趣的读者可查阅相应的文献和资料，此处不再详细介绍。

至此，我们发现，XFEM 仍然是在传统有限元法的框架内进行求解，图 3-3 给出了完整的计算流程图。需要提及的是，对于被裂纹面所割开的单元，在求解单元刚度矩阵时需要进行子划分。其目的仅仅是为了提高计算精度，并不增加自由度个数。当裂纹几何状态更新后可以直接进入下一循环，无需重新划分网格。

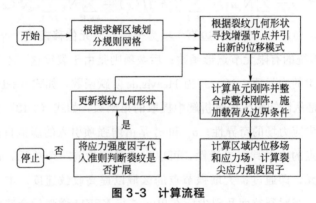

图 3-3　计算流程

3.2　XFEM 的数值实现

下面给出两个简单算例，以验证数值方法的精度和高效性。本章的数值模拟均在 MATLAB7.1 中完成。断裂准则是模拟裂纹扩展非常重要的环节。首先来比较 3 种常用的断裂准则，即最大环向应力准则、最大能量释放率准则和最小应变能密度因子准则。由于在材料属性连续变化的功能梯度材料中裂尖场的奇异性和角函数分布与均匀材料相同，基于"局部均匀化"的假设，可以认为对均匀材料适用的断裂准则同样适用于梯度材料。

如图 3-4 所示，平板的长和宽分别为 L 和 D，其内部含一长度为 a 的边裂纹，裂纹与水平方向呈一定角度 α。

平板上端受到均布拉伸载荷 σ_0 作用，下端约束如图 3-4 所示。板

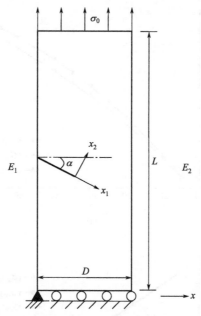

图 3-4　拉伸载荷作用下含倾斜边裂纹的非均匀矩形板

的弹性模量在左边界为 E_1，右边界为 E_2，二者之间则按照横坐标 x 以指数形式变化。

整体坐标系的原点设置于平板的左下角点，裂尖局部坐标系如图 3-4 所示。计算中采用的数据为：$L=4$ ；$D=1$；$a=0.4$；$E_1=1000$；$\nu=0.3$ ；$E\ (x)=C_1\mathrm{e}^{C_2x}$；$\sigma_0=1$ ；$E_2/E_1=10$；$C_1=E_1$；$C_2=\ln(E_2/E_1)/D$。其中，长度的单位为 mm，模量的单位为 MPa。计算中采用四节点矩形单元（双线性单元），求解应力强度因子时采用相互作用积分法，读者可参考第 1 章中文献［11］。将结果代入第 2 章中给出的 3 种断裂准则，可以分别求得不同裂纹长度及倾斜角对应的初始扩展角，如图 3-5 所示。

通过比较发现，应用最大环向应力准则和最大能量释放率准则求得的裂纹扩展角非常接近。应用最小应变能密度因子准则求得的值略小于前两者，且相对误差在 4% 以内。在此基础上，将继续应用 XFEM 模拟受四点弯曲载荷功能梯度梁中边裂纹的准静态扩展。模拟梯度材料时采用了"非均匀单元"，即在应用高斯积分法求解单元刚度矩阵时，取积分点处真实的

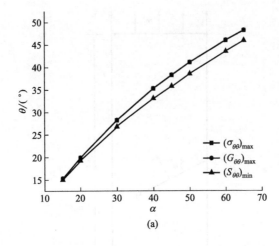

(a)

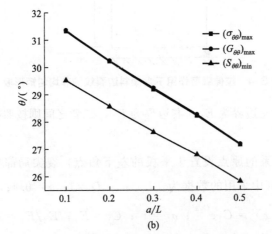

(b)

图 3-5　应用 3 种不同的断裂准则求得的裂纹扩展角

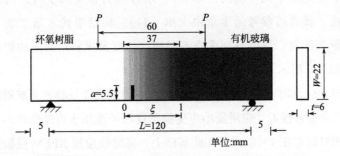

图 3-6　四点弯曲载荷作用下含边裂纹的功能梯度梁

材料属性进行计算。用于和数值模拟结果对比的实验模型如图 3-6 所示。

采用对功能梯度材料适用的相互作用积分求解混合型应力强度因子（相互作用积分法将在第 5 章中详细介绍），应用最大环向应力准则求解裂纹扩展角，并指定合适的扩展步长（取单元边长的 1/2）模拟边裂纹准静态扩展，结果如图 3-7 所示。裂纹发生偏折后沿着固定的角度向前扩展，数值模拟得到的偏转角 $\theta = 6.8646°$，而文献 [2] 中实验测得 $\theta = 7°$，证明了应用 XFEM 求解这类问题是有效的。

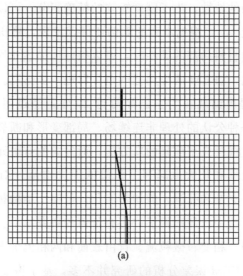

(a)

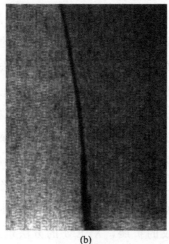

(b)

图 3-7　裂纹扩展路径的比较

　　在本章之前的内容中讨论了扩展有限元法的基本格式，讨论了针对强（弱）不连续问题对应的适合的增强函数。同时引出了 XFEM 的核心思想，即将不连续体的特性包含在形函数的构造信息中，因此不连续体的位置、形状可以与所采用的网格形式相互独立。但由于引入了增强函数，在 XFEM 最终的求解方程中也增加了与之相对应的虚拟自由度以及与这些自由度相关的节点外力和刚度矩阵。在计算时为了捕捉和追踪不连续体或者界面的位置，通常采用水平集函数的方法。同时，由于增强形函数复杂的特性，为了刚度矩阵的精确积分，可以有选择性地增加积分点的数量[2,3]。根据本章的算例还可以发现，将积分点处的材料属性取为非均质材料局部的属性时，可以很好地描述非均质材料中的裂纹甚至夹杂问题，XFEM 的应用范围也可以进一步拓宽。

　　XFEM 自提出到现在为止已经有近 20 年。经过不断的发展和完善，已经成为一种公认的处理非连续场、局部变形和断裂等复杂力学问题的功能强大、极具应用前景的新方法，对经典的有限元法及相关商业软件的进一步发展和壮大也起到了积极的促进作用。XFEM 在固体力学领域的断裂、夹杂和孔洞、剪切带演化、位错、结构拓扑优化和节理岩体等问题的模拟中已经取得了许多有价值的研究结果。另外，在流体力学领域的凝固、相变、微粒流、自由表面和两相流等方面的研究也逐步推广。关于 XFEM 误差分析的研究并不多，基于恢复法估计 XFEM 的误差的关键点是计算恢复场。另外，XFEM 虽然能够获得比常规有限元更精确的数值结果，但是其与网格参数相关的收敛速率并不是最优的。为了获得优化的收敛率，一些研究和相关方法也被相继提出。例如固定增强区域的扩展有限元法和高阶的扩展有限元法等。目前，采用 XFEM 模拟三维裂纹扩展的工作相对较少，且这些三维裂纹包括三维平面裂纹、三维非平面贯穿裂纹等。关于三维埋深非平面裂纹扩展的研究还未见报道。三维裂纹扩展分析和二维裂纹扩展分析有着本质的不同。对研究者来说，三维裂纹扩展分析仍是一个极具挑战性的课题，其难点在于如何保持裂纹面和裂纹扩展方向的连续性和光滑性。如果是模拟三维复合材料中裂纹的扩展，XFEM 的方法也还需进一步探讨。除了 ABAQUS 已经将 XFEM 模块引入前处理之外，ANSYS 等有限元软件也正在努力引入扩展有限元法的功能，这将极大地加快 XFEM 的推广、应用和继续开发，是其他新型数值方法无法比拟的。本章将会给出扩展有限元法程序设计的主要思路。

3.3　粘聚裂纹模型的扩展有限元法

对于混凝土、煤岩和页岩等材料，在实际情况中表现出一种典型的准脆性力学行为，即起裂之后能量并非瞬间释放，而是呈现一个损伤逐渐累积直至完全破坏的渐进的过程。此时线弹性断裂力学的理论难以再应用，而粘聚裂纹模型（Cohesive Crack Model）是一种相对有效的理论工具[5,6]。粘聚裂纹模型是针对裂尖附近断裂过程区（Fracture Process Zone，FPZ）的破坏规律建立的本构关系。断裂过程区是裂纹起裂、扩展过程中主要的能量耗散区和非线性响应区。特别是在多物理场作用下，断裂过程区的微观孔隙会不断萌生、扩展和汇合，由此决定了裂纹的扩展规律和缝网形态。对于岩石水力压裂来说，断裂过程区的损伤还会导致局部渗流特性的显著变化，形成更为复杂的流固耦合机制。粘聚裂纹模型的原理是把断裂过程区假设为真实裂纹前端的虚拟裂纹，虚拟裂纹的上下表面之间存在粘聚力的作用。粘聚力是裂纹上下表面相对位移的函数，并且受界面损伤因子控制。在外力作用下，粘聚区域的粘聚力不断衰减，当材料完全损伤时意味着粘聚力完全消失，同时也标志着新的宏观裂纹面的产生。而这个损伤过程所消耗的能量大小就是断裂能[7]。粘聚裂纹本构关系通常是非线性的，并且依赖于加载和卸载路径以及界面损伤变量的演化历史。常见的粘聚裂纹本构关系有线性、双线性、指数型和梯形等。其具体形式需要根据实验和理论共同确定，还需考虑复合加载、摩擦和加载速率等多种因素可能造成的影响。粘聚裂纹模型在准脆性材料的非线性断裂力学问题中已经得到了广泛的应用。鉴于 XFEM 处理不连续问题的优势，许多学者将其与粘聚裂纹模型相结合进行相关问题分析。

仍假设与图 3-1 类似的求解区域 Ω，其边界为 $\Gamma = \Gamma_u + \Gamma_t + \Gamma_c$。等式右边的三项分别为位移边界、外力作用边界和裂纹边界。与之前不同的是，此时裂纹的前端有一断裂过程区，边界用 Γ_{coh} 表示，其内部存在粘聚力。导致计算区域内的应力场与外载荷和裂纹面上断裂过程区的粘聚力有关。增加的边界条件（在 Γ_{coh} 上）可以表示为[3]：

$$\boldsymbol{\sigma} \cdot \boldsymbol{n}^+ = -\boldsymbol{\sigma} \cdot \boldsymbol{n}^- = \boldsymbol{\tau}^{c+} = -\boldsymbol{\tau}^{c-} = \boldsymbol{\tau}^c \tag{3-22}$$

式中　$\boldsymbol{n}^+$ 和 $\boldsymbol{n}^-$——裂纹面上外法向单位矢量；

　　　$\boldsymbol{\tau}^{c+}$ 和 $\boldsymbol{\tau}^{c-}$——裂纹面上的粘聚力。

粘聚力与裂纹面两侧的相对位移 w 有关，即

$$\boldsymbol{\tau}^c = \boldsymbol{\tau}^c(w)$$

$$w = \boldsymbol{u}^- - \boldsymbol{u}^+ \tag{3-23}$$

假设结构产生了一允许的虚位移 v，根据虚功原理可以得到平衡方程的"弱"形式为：

$$\int_\Omega \boldsymbol{\sigma} : \boldsymbol{\varepsilon}(v) \mathrm{d}\Omega + \int_{\Gamma_{\mathrm{coh}}} \boldsymbol{\tau}^c \cdot \boldsymbol{w}(v) \mathrm{d}s = \int_\Omega \boldsymbol{b} \cdot \boldsymbol{v} \mathrm{d}\Omega + \int_{\Gamma_t} \lambda \boldsymbol{\tau}_0 \cdot \boldsymbol{v} \mathrm{d}s \tag{3-24}$$

断裂过程区由：虚拟裂尖和实际裂尖两个裂尖确定。在裂尖局部坐标系下，实际裂尖处的粘聚力为 0。虚拟裂尖是材料断裂过程区与连续区域的分界点，其应力等于材料强度或者断裂韧性。断裂过程区的粘聚力从虚拟裂尖到实际裂尖是裂纹张开位移的递减函数。而且可以同时考虑法向和切向的粘聚力。如定义载荷函数为：

$$f(\omega_n, \kappa) = \omega_n - \kappa \tag{3-25}$$

式中　ω_n——裂纹面法向相对位移，取正值时表示裂纹张开；

　　　κ——与历史有关的参数，等于 ω_n 曾经张开的最大值。

另外，$f > 0$ 表明裂纹面张开（加载），$f < 0$ 则表明裂纹闭合（卸载）。裂纹面上的法向应力呈指数形式衰减：

$$\tau_n^c = f_t \mathrm{e}^{[-(f_t/G_f)\kappa]} \tag{3-26}$$

式中　f_t——材料抗拉强度；

　　　G_f——材料的断裂能。

裂纹面上的切向应力为：

$$\tau_s^c = d_{\mathrm{int}} \mathrm{e}^{h_s\kappa} \omega_s \tag{3-27}$$

式中　d_{int}——$\kappa = 0$ 时初始裂纹切向刚度；

　　　ω_s——裂纹面切向相对位移。

另外，
$$h_s = \ln\left(\frac{d_{\kappa=1.0}}{d_{\mathrm{int}}}\right) \tag{3-28}$$

式中　$d_{\kappa=1.0}$——$\kappa=1.0$ 时裂纹切向刚度。

尽管随着裂纹张开，裂纹切向刚度趋于 0，但假定裂纹面的软化特性仅仅与裂纹面法向张开量有关。上式在加载时采用切向刚度，卸载时采用割线刚度，裂纹完全闭合时，弹性刚度完全恢复。根据裂纹张开位移与裂纹粘聚力的关系式，可写出对时间求微分后的裂纹面粘聚力和张开位移的增量形式：

$$\begin{Bmatrix} \dot{\tau}^c_n \\ \dot{\tau}^c_s \end{Bmatrix} = \begin{bmatrix} -\dfrac{f_t^2}{G_f}e^{-\frac{f_t}{G_f}\kappa} & 0 \\ h_s d_{\mathrm{int}} e^{h_s \kappa} \omega_s & d_{\mathrm{int}} e^{h_s \kappa} \end{bmatrix} \begin{Bmatrix} \dot{\omega}_n \\ \dot{\omega}_s \end{Bmatrix} \tag{3-29}$$

由式（3-29）可知，切向刚度依赖于法向张开量，导致刚度矩阵为非对称，这将给计算带来很大的困难。为了计算方便，上述模型的一种简化方法是设裂纹切向刚度为常数。但切向刚度为常数存在一定的风险：切向刚度取值较小时会产生过脆的峰后整体相应；切向刚度取值较大时可能会发生应力自锁。下面介绍如何将粘聚裂纹模型与 XFEM 结合，读者可参考文献 [3,8]。

常规 XFEM 的位移模式如式（3-19）所列。粘聚裂纹模型中，裂尖附近应力场没有奇异性，根据粘聚裂纹裂尖场的特点，可以选取以下的增强函数：

$$\Phi(x) = \left\{ r\sin\frac{\theta}{2}, r\cos\frac{\theta}{2}, r\sin\frac{\theta}{2}\sin\theta, r\cos\frac{\theta}{2}\sin\theta \right\} \tag{3-30}$$

同样地，式（3-30）也是在裂尖局部极坐标系下的表达。针对粘聚裂纹模型，裂尖增强函数的选择也不是唯一的，只要是能反映裂尖局部应力、位移场特征的函数都可以列入考虑范围。在计算时通常也要引入偏置函数消除混合单元的影响，如式（3-20）所示。根据平衡方程的积分"弱"形式和单元位移逼近式可以得到粘聚裂纹扩展有限元法的控制方程。

对于二维问题，式（3-24）将粘聚区的积分考虑为沿裂纹的一维单元积分，一维积分单元的大小独立于计算网格，为了准确地计算裂尖增强函数在这些单元上的积分，每个单元上通常要布置 4 个高斯点。普通的一维单元可布置 2 个高斯点。由于粘聚区的精确长度是未知的，所以粘聚裂纹扩展有限元法的控制方程是非线性的。粘聚裂纹扩展准则一般有两种：第一种为应力准则，当虚拟裂尖应力达到材料抗拉强度时裂纹就扩展，根据虚拟裂尖附近的应力值进行插值计算，得到高精度的虚拟裂尖应力；第二种准则是应力强度因子准则，Ⅰ型应力强度因子等于 0 裂纹就扩展，该准则只适合Ⅰ型裂纹扩展。

求解粘聚裂纹扩展的算法有很多种，这里只给出其中一种精确性和稳定性较好的方法。需要计算每个真实裂纹长度下的临界载荷和粘聚区长度。逐步增加真实裂纹长度直至达到最大真实裂纹长度。该算法的具体步骤为：

① 考虑一个初始的真实裂纹长度。

② 假定一个粘聚区长度值，转到第④步。

③ 将前一个真实裂纹长度的粘聚区下获得的长度作为这个真实裂纹长度的粘聚区。

④ 取两个任意的载荷乘子 λ_1 和 λ_2 求解弱形式的平衡方程。由于粘聚区长度为常数，因此该问题是线性的，由 λ_1 和 λ_2 线性插值求得满足裂纹扩展准则的载荷乘子 λ_3。

⑤ 如果粘聚区远离虚拟裂尖最后一段裂纹线上所有积分点的裂纹张开位移都大于极限裂纹张开量，去掉含虚拟裂尖的那段裂纹线，将虚拟裂尖移至剩下裂纹段的最后一段，返回第④步。若一个或多个高斯点处裂纹张开位移小于极限裂纹张开量，在含虚拟裂尖的单元后增加一个一维单元，将虚拟裂尖移至增加单元的最后那个顶点，转到第④步。为了避免死循环，若增加和去掉一个单元的过程彼此执行过一次，则跳出循环。

⑥在裂纹扩展方向增加真实裂纹长度。转到第③步。对于裂纹扩展方向未知的情况，即非Ⅰ型裂纹，只需在每次增加裂纹长度前计算裂纹扩展方向，然后在裂纹扩展方向上增加裂纹长度[3]。

至此，总结一下奇异性理论与非奇异性理论的关系。根据奇异性理论，在裂纹尖端的应力值趋于无穷大，导致常规的基于应力的强度准则失效。Irwin 建立了基于应力强度因子的断裂判据，即 K 判据。应力强度因子是裂纹特征尺寸和外加应力的函数。在一定条件下，它是一个材料常数，即断裂韧性。从物理意义上讲 K 判据是一个裂纹起始扩展判据。裂纹起始扩展后，对于韧性材料，裂纹一般经历一个缓慢扩展的过程，最后达到失稳扩展，导致材料或结构的最终破坏。而对于脆性材料，裂纹一般转化为快速失稳扩展，迅速导致破坏的产生。在奇异性理论基础上建立的判据是现代断裂力学的基石。可以把缺陷的特征尺寸引入强度和韧性的计算公式，使人们把强度和韧性的认识同缺陷的扩展定量地联系起来。但是奇异性断裂力学在物理上存在本质的缺陷。这主要表现在两个方面：一方面，在自然界与工程中发现的裂纹，包括上下表面间距和裂纹尖端的曲率半径都是有限值，而不等于 0；另一方面，在自然界和工程中，即使在裂纹尖端，应力和应变也是有限值，并不存在所谓应力与应变的奇异性。另外，奇异性断裂力学在方法论上也存在矛盾，即在数学计算时认为裂尖曲率半径为 0，但在实验测试时切口或预制疲劳裂纹的曲率半径并不为 0，存在所谓的不协调性。在保留数学上的尖裂纹模型又不变动连续力学框架的前提下，对奇异性理论提出适当的修正是有必要的。所以研究者们提出了具有外延结果的尖裂纹模型，即在裂尖区域加一个带状塑性区或粘聚力作用区等。把外延结构的尺寸加在原裂纹的尺寸上，继而得到的虚拟的新的裂纹。这个虚拟的裂纹受外加应力的作用的同时，在外延区还受原子粘聚力的作用。这两种应力作用的方向相反，它们之和应该等于 0，以此消除在虚拟裂纹尖端的应力奇异性。对应的断裂判据也需要进一步修正。一般情况下，由于消除了奇异性的影响，计算过程变得较原来简单。

不能否认的是，基于奇异性理论的断裂判据是断裂力学产生乃至后续发展的基础。时至今日，该方法仍然在众多工程领域发挥着重要的指导作用。而非奇异性理论是奇异性理论进一步的改进和探索，在特定的条件下，二者是等效的或互为补充。在实际应用时，需要根据材料形式、载荷及边界条件去选定适合的裂纹扩展模型进行分析，还要把裂纹扩展判据和常规的强度判据结合起来应用。总之关于强度和韧性关系的讨论，是固体力学永恒的主题。

裂尖局部网格替代的扩展有限元法及其应用

参考文献

［1］ 李录贤，王铁军. 扩展有限元法（XFEM）及其应用. 力学进展，2005，35（1）.

［2］ 庄茁，柳占立，成斌斌，廖剑晖. 扩展有限单元法. 北京：清华大学出版社. 2011.

［3］ 余天堂. 扩展有限单元法——理论、应用及程序. 北京：科学出版社. 2013.

［4］ Rousseau C E, Tippur H V. Compositionally Graded Materials with Cracks Normal to the Elastic Gradient ［J］. Acta Materialia，2000，48：4021-4033.

［5］ Dugdale D S. Yielding of steel sheets containing slits ［J］. Journal of the Mechanics and Physics of Solids，1960，8：100-104.

［6］ Barenblatt G I. The mathematical theory of equilibrium of cracks in brittle fracture ［J］. Advances in Applied Mechanics，1962，7：55-129.

［7］ Hillerborg A，Modéer M，Petersson P E. Analysis of crack formation and crack growth in concrete by means of fracture mechanics and finite elements ［J］. Cement and Concrete Research，1976，6：773-781.

［8］ 方修君，金峰，王进廷. 基于扩展有限元法的粘聚裂纹模型. 清华大学学报（自然科学版）. 2007，47：344-347.

第 4 章　局部网格替代的扩展有限元法

扩展有限元法仍在传统有限元法的框架内进行求解。对于弹性体中的裂纹问题主要包含以下几个方面：

① 整体坐标系、局部直角坐标系和局部极坐标系之间的相互转换；

② 寻找特殊单元以及需要增强的节点；

③ 选择单元划分和单元积分方式；

④ 求解单元刚度矩阵和组集整体刚度矩阵；

⑤ 约束条件的处理和载荷；

⑥ 求解线性方程组获得基本解；

⑦ 求解裂尖断裂参数以及裂纹初始扩展角。

为了准确地描述裂尖场的特征，扩展有限元法需要在单元位移模式中引入复杂的裂尖场函数。尤其对于界面裂纹的情况，特征函数数目非常多，使得计算过程显得繁冗且不统一。当裂尖场的奇异性或角函数分布未知时，扩展有限元法便难以再被应用。为此，于红军等[1-4] 采用将裂尖局部网格进行细化的扩展有限元法求解了结构内部包含复杂界面的问题。该方法的优点在于并不引入复杂的裂尖场角函数。本章将对这一方法加以改进，即通过综合有限元法和扩展有限元法求解裂纹问题的主要措施，使改进的方法适用于研究内部包含界面时材料的断裂行为，并且将新的方法称为裂尖局部网格替代的扩展有限元法（Local Mesh

Replacement-Extended Finite Element Method，LMR-XFEM）。下面对该方法做简要介绍。

4.1 裂纹尖端局部网格处理方法

为了明确裂纹、夹杂与有限元网格之间的关系，定义一个距离函数：

$$f_\alpha(\pmb{x}) = \min_{\pmb{x}^* \in \Gamma_\alpha} \|\pmb{x} - \pmb{x}^*\| \operatorname{sign}[\pmb{n}^+(\pmb{x}^* - \pmb{x})] \qquad (4\text{-}1)$$

式中　$\pmb{x}$——求解区域 Ω 内任意一点，如图 4-1 所示；

$\pmb{x}^*$——裂纹面 Γ_c 或者夹杂表面 Γ_p 上的点；

$\pmb{n}^+$——不连续体的外法线方向。

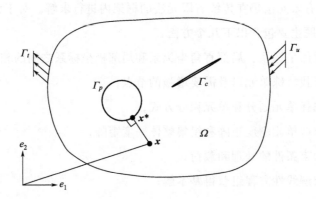

图 4-1　区域及不连续体特征

基于式（4-1）的距离函数，可以给出裂尖局部网格替代的扩展有限元法对应的位移逼近模式

$$\begin{cases} \pmb{u}^h(\pmb{x}) = \sum_{I \in D_0} N_I(\pmb{x})\pmb{u}_I + \sum_{J \in D_1} N_J(\pmb{x})\pmb{b}_J \varphi_J(\pmb{x}) + \\ \qquad\qquad \sum_{K \in D_2} N_K(\pmb{x})\pmb{c}_K \psi_K(\pmb{x}) \\ \varphi_J(\pmb{x}) = |f_\alpha(\pmb{x})| - |f_\alpha(\pmb{x}_J)| \\ \psi_K(\pmb{x}) = H(f_\alpha(\pmb{x})) - H(f_\alpha(\pmb{x}_K)) \end{cases} \qquad (4\text{-}2)$$

式中　$N_I(\boldsymbol{x})$、$N_J(\boldsymbol{x})$ 和 $N_K(\boldsymbol{x})$——传统有限元节点形函数；

$\varphi_J(\boldsymbol{x})$ 和 $\psi_K(\boldsymbol{x})$——针对材料界面和裂纹面的节点增
强函数，即前文提到的绝对值函
数和阶跃函数；

$\boldsymbol{u}_I$——节点真实自由度；

$\boldsymbol{b}_J$、$\boldsymbol{c}_K$——增加的虚拟自由度；

D_0——普通节点（所有节点）的集合；

D_1——和材料界面相关的增强节点集合；

D_2——和裂纹面相关的增强节点集合。

D_0、D_1、D_2 这些集合（见图 4-2）通过某一节点的"形函数支撑域"是否被裂纹面或材料界面割开来判定。

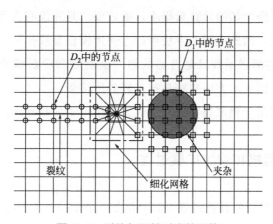

图 4-2　裂纹与颗粒对应的网格

本章仅采用 $\varphi_J(\boldsymbol{x})$ 和 $\psi_K(\boldsymbol{x})$ 两种特征函数分别对材料界面和裂纹面所割裂单元的节点进行增强，并没有采用扩展有限元法中对裂尖附近节点进行增强的方法，取而代之的是将裂尖局部区域的网格进行细化（见图 4-2），即在裂尖处沿用了传统有限元法求解裂纹问题的思想。具体的做法是根据裂尖点的整体坐标找出其所在的单元（裂尖单元），然后将裂尖单元及其周围的一层或多层（根据实际情况自行设定）单元所占据的区域进行网格细化。细化时在裂尖周围采用三角形六节点奇异元，其他位置则采用四边形八节点二次单元。细化的网格覆盖在原来规则的网格之上，并且二者在细化区域的边界上共用节点。计算开始时将这部分规则网格的单元刚度设置为零，这样保证了在该区域内只有细化的网格起作用。当裂尖位置移动时，细化网格的区域也随之发生变化。但由于采用的是覆盖法，并不会破坏原来规则的网格。

经过上述处理之后，新的数值方法具有以下优点：

① 当裂尖场解析解未知或非常复杂时，应用本方法能够很容易地求得基本解（针对不同情况时可以调整裂尖附近的网格细化方式）；

② 裂纹面和材料界面均无需与单元边界重合，即不连续体仍然独立于所采用的网格；

③ 当裂尖十分靠近颗粒时，应用本方法可获得精确的应力强度因子，因此本方法继承了有限元法稳定性良好的特点；

④ 模拟裂纹扩展时虽在每个扩展步都需要对裂尖局部区域进行网格重划分，但是增加的计算量很小，更重要的是并没有丢弃扩展有限元法的核心思想，因此应用本方法可以方便地模拟裂纹扩展；

⑤ 选取的增强函数只是普通的绝对值函数和阶跃函数，回避了复杂的裂尖场，因此本方法更容易被工程界所接受。

下面介绍用于提取裂尖混合型应力强度因子的相互作用积分法。

4.2 背景网格和裂纹扩展过程

LMR-XFEM 的计算过程可以归纳如下：首先，应用裂尖局部网格替代的扩展有限元法求得边值问题的基本场，包括位移场、应变场和应力场；然后，采用相互作用积分方法提取混合型应力强度因子；最后，应用最大环向应力准则或者其他断裂准则预测裂纹扩展轨迹，即判定条件为 $K > K_{IC}$ 时，裂纹在局部坐标系下按照 θ_c 向前扩展一个小的步长。不断地重复上述过程，可以得到一个由许多首尾相连线段所组成的裂纹扩展轨迹。

裂纹扩展步长一般有两种选取方式，分别为固定步长和变步长。变步长是指根据区域的敏感程度不同而适当调整扩展长度，以提高数值模拟效率。本章采用了固定步长的方法，即在模拟中步长始终保持不变。该长度通过试算求得，原则上是要保证其继续减小时，模拟得到的裂纹扩展轨迹保持稳定。经试算，发现步长取规则单元边长的 1/2 足以保证计算精度，但为了获得更为光滑的裂纹扩展轨迹，取规则单元边长的 1/3 进行模拟。在裂纹扩展的每一步，都需对裂尖附近单元所占据的区域进行网格细化，如图 4-3 所示的阴影部分，共计 9 个单元。此时，由于一个单元内部的三角化角点增多，可能会出现积分区域重复的情况，需将这部分多余的值删除。

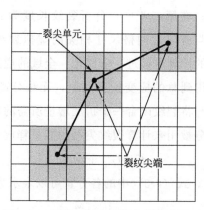

图 4-3　裂尖周围需要细化网格的区域

　　LMR-XFEM 在求解裂纹和夹杂共存的问题时，同时具备了有限元法和扩展有限元法求解此类问题时的优点，既保证计算精度，求解过程又相对简单和统一，从而能够高效地模拟裂纹扩展[5-9]：

　　① 当裂纹尖端靠近夹杂时，应用改进后的数值方法能够获得准确的应力强度因子，因此该方法继承了有限元法稳定性良好的特点；

　　② 改进后的数值方法保留了扩展有限元法最大的优势，即不连续体独立于所采用的网格；

　　③ 应用改进后的数值方法模拟裂纹扩展时求解过程统一且编程相对简单，因此更易于被工程界所接受。

4.3　虚拟裂纹闭合法

　　在本书第 5 章中将详细介绍基于 J 积分的相互作用积分法。该方法的优点是精度较高，但缺点是计算过程相对烦琐，需要首先获得全场位移、应力和应变。相对而言，能量释放率的计算过程较为简单，计算结果对网格尺寸的敏感性低，在计算精度和计算效率之间达到了很好的平衡，因而受到工程师们的广泛欢迎。能量释放率［参见第 2 章中的式（2-5）］的计算要求裂纹扩展增量趋近于 0。显然在有限元分析这种数值方法中，这个极限不能达到。此时可以采用包含两步分析过程的虚拟裂纹扩展法；在第一步中，分析裂纹长度 a 的裂纹体，通过有限元分析可以获得其势能；在第二步中，分析裂纹长度为 $a + \Delta a$ 的裂纹体，获得其势能。如果与有限元网格尺寸相关的虚拟裂纹扩展长度足够小时，应变能释放率的计算可被进一步简化。全域的虚拟裂纹扩展法有一个局限性，即只能得到总的应变能释放率，无法分离断裂模式。Irwin 发现，势能的改变与将裂纹闭合一个扩展增量所需的功等效。基于这种观点，裂纹闭合积分被用来计算裂纹尖端的能量释放率。表达式为：

$$G = G_I + G_{II} \tag{4-3}$$

用 B 表示厚度，式（4-3）中的各分量可以表示为：

$$G_I = \lim_{\Delta a \to 0} \frac{1}{2B\Delta a} \int_0^{\Delta a} \sigma_{yy} \Delta v \, \mathrm{d}x$$

$$G_{II} = \lim_{\Delta a \to 0} \frac{1}{2B\Delta a} \int_0^{\Delta a} \tau_{xy} \Delta u \, \mathrm{d}x \tag{4-4}$$

式中 Δu 和 Δv——当闭合裂纹张开时裂纹面上的位移分量。

假设裂纹沿着裂纹原来的方向（定义为 x 方向）扩展，式（4-4）中的应力分别代表沿着闭合裂纹面上的法向应力和切向应力，分别对应于张开型和滑开型断裂。式（4-4）也可通过两步分析过程计算。如果有限元网格充分小，应变能释放率分量就能近似表示为：

$$G_I = \frac{1}{2B\Delta a} \int_0^{\Delta a} \sigma_{yy}^{(1)} \Delta v^{(2)} \, \mathrm{d}x$$

$$G_{II} = \frac{1}{2B\Delta a} \int_0^{\Delta a} \tau_{xy}^{(1)} \Delta u^{(2)} \, \mathrm{d}x \tag{4-5}$$

应用上式时，涉及沿着闭合裂纹线上对应力的数值积分，而闭合裂纹线通常位于单元的边上，因此需要节点上的应力值。在有限元分析中，当把应力外推到单元节点上，或者当单元基金裂纹尖端时，所得到的应力时非常不准确的。为了避免使用不精确的应力值，可采用节点力代替对应力的积分。这时，应变能释放率可以通过节点力及节点位移计算：

$$G_{\text{I}} = \frac{F_{y1}^{(1)} \Delta v_{1,1^1}^{(2)}}{2B\Delta a}$$

$$G_{\text{II}} = \frac{F_{x1}^{(1)} \Delta u_{1,1^1}^{(2)}}{2B\Delta a} \tag{4-6}$$

式（4-6）在计算时有诸多优点：

① 应变能释放率的计算仅仅包含节点力及节点位移，而这些量又是有限元分析的基本变量，可以从任何商业有限元软件中直接输出。

② 避免了对应力的积分，使得计算更加简单且容易与有限元分析相结合，不需要额外的后处理工作。

③ 许多实例表明，该式对有限元网格的大小不敏感。尽管需要合理的网格密度来保证近似精度，但在相对粗糙的网格下也能得到令人满意的结果。

④ 尽管可以使用奇异单元和折叠单元，但也可以在常规低阶单元下得到比较精确的结果。因此，这种方法很方便实用，在划分网格时也不需要过多的额外负担。

⑤ 与 J 积分类似，对线性和非线性材料都适用。

使用式（4-6）计算唯一的不便之处在于它要求两步分析过程，这两部过程中的裂纹长度是不同的。这给网格准备带来一定程度的工作量，特别是对于三维裂纹；同时，在研究裂纹扩展问题时就显得更为不便，需要基于上一步的计算结果不断地准备新的网格。为了避免这一问题，Rybicki 和 Kanninen[10] 于 1977 年首先提出了用于二维问题的一步分析法，叫作修正的裂纹闭合积分。后来这种方法被重新命名为虚拟裂纹闭合法。Raju[11] 于 1982 年首次对虚拟裂纹闭合法做出数学上的解释，并且给出了针对高阶单元和奇异单元的计算公式。虚拟裂纹闭合法的基本假设是虚拟裂纹尖端后面的张开位移和实际裂纹尖端后面的张开位移近似相等。因此，式（4-6）可以被替换为：

$$G_{\text{I}} = \frac{F_{y1} \Delta v_{3,4}}{2B\Delta a}$$

$$G_{\text{II}} = \frac{F_{x1} \Delta u_{3,4}}{2B\Delta a} \tag{4-7}$$

虚拟裂纹闭合法只需要一步有限元分析，同时又继承了式（4-6）的优点。这些特征使得虚拟裂纹闭合法具有吸引力而被工程界越来越多的关注和使用，特别是对于那些喜欢用商业有限元软件进行断裂分析的工程师。例如，在有限元商业软件 ABAQUS6.9 的版本中引入了扩展有限元的算法。同时，在计算断裂参数时帮助文档建议采用的就是虚拟裂纹闭合法。

ABAQUS 的中文释义是"算盘"，是一个很有特色的 CAE 软件。它在处理非线性问题和接触问题方面独树一帜，同时还具有非常丰富的材料模型库供用户直接使用。它最大的优点还在于其用户自定义子程序，使用户可以借此开发自己的材料模型或单元，为二次开发提供了有力的平台，极大地拓展了用户的使用能力，因而成为世界上主流有限元商业软件之一。本节首先介绍在该软件平台上如何开发一个简单的 ABAQUS-UEL，即二维问题中的弹簧单元。虽然该单元比较简单，但从中可以清晰地了解用户单元 UEL 是如何工作的，同时也是以后虚拟裂纹闭合法的哑节点断裂单元的基础。

对于平面中两个节点间的弹簧单元而言，其 ABAQUS 的位移矢量 U 和节点力矢量 F 分别为：

$$U = \begin{Bmatrix} U_1 \\ U_2 \\ U_3 \\ U_4 \end{Bmatrix}、\quad F = \begin{Bmatrix} F_1 \\ F_2 \\ F_3 \\ F_4 \end{Bmatrix} \tag{4-8}$$

节点力和节点位移的关系可以用矩阵来表示：

$$\begin{Bmatrix} F_1 \\ F_2 \\ F_3 \\ F_4 \end{Bmatrix} = \begin{bmatrix} K_x & & -K_x & \\ & K_y & & -K_y \\ -K_x & & K_x & \\ & -K_y & & K_y \end{bmatrix} \begin{Bmatrix} U_1 \\ U_2 \\ U_3 \\ U_4 \end{Bmatrix} \tag{4-9}$$

式中 K_x 和 K_y ——整体坐标系 (x,y) 下的弹簧刚度系数。

显然，对于此线性弹簧，有：

$$K = \frac{\partial F}{\partial U} \tag{4-10}$$

由于 ABAQUS 是一个通用的非线性有限元程序，因此它的求解过程也是迭代的过程。在每一个分析步骤，ABAQUS 要求解平衡方程：

$$\boldsymbol{P}-\boldsymbol{F}=0 \tag{4-11}$$

式中　$\boldsymbol{P}$——外力矢量，被存放在数组 RHS 中。

在迭代求解中，令：

$$\boldsymbol{R}=\boldsymbol{P}-\boldsymbol{F} \tag{4-12}$$

式中　$\boldsymbol{R}$——残余力矢量，问题转化为求解 $\boldsymbol{R}=0$。

根据 Newton-Raphson 法，其切线刚度矩阵为：

$$\boldsymbol{K}=-\frac{\partial \boldsymbol{R}}{\partial \boldsymbol{U}}=-\left(\frac{\partial \boldsymbol{P}}{\partial \boldsymbol{U}}-\frac{\partial \boldsymbol{F}}{\partial \boldsymbol{U}}\right)=\frac{\partial \boldsymbol{F}}{\partial \boldsymbol{U}} \tag{4-13}$$

式中，由于外力是给定的，因此它对位移的偏导数为 0。此时，切线刚度矩阵即为弹簧的系数刚度矩阵。UEL 可以读取用户指定的弹簧刚度系数并建立对应的刚度矩阵。后更新力矢量，计算出节点间的相对位移和弹簧力，并输出给内部变量 $SVARS$。这些数据可在 ABAQUS 的 .dat 文件中输出。用户还可以将自定义的弹簧单元与软件中标准弹簧单元的计算结果做比较分析。值得注意的是 ABAQUS 必须独立使用两个标准弹簧单元，因而无法处理复合型断裂问题。而通过 UEL 则可将两个弹簧编写在一个程序内，用于分析复合型断裂。下面介绍基于虚拟裂纹闭合法的哑节点断裂单元。考虑一个二维线状裂纹问题，假设其裂纹走向沿 X 方向。哑节点断裂单元的定义及其节点编号如图 4-4 所示。

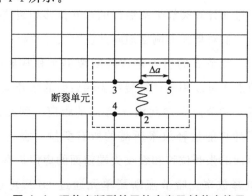

图 4-4　哑节点断裂单元的定义及其节点编号

　　该单元共有 5 个节点：使用这种单元时，节点 1 和节点 2 对应于裂纹尖端点；节点 3 和节点 4 在裂纹尖端的后面；节点 5 在裂纹尖端的前面。单元包含两组节点：顶部节点（节点 1、3、5）和底部节点（节点 2、4）。在实际应用时，节点 1 和节点 2、节点 3 和节点 4 的坐标分别是重合的。因此图 4-4 所示的间距实际是不存在的。由于单元具有 5 个节点，因此在 ABAQUS 中，单元所具有的完整的节点位移矢量可表示为：

$$\boldsymbol{U} = \{U_1 \quad U_2 \quad U_3 \quad U_4 \quad U_5 \quad U_6 \quad U_7 \quad U_8 \quad U_9 \quad U_{10}\}$$

$$(4\text{-}14)$$

为了计算裂纹尖端处的节点力，在节点 1 和节点 2 之间放置有特殊刚度的弹簧。断裂单元中的弹簧刚度矩阵可参见式（4-9）。此时，断裂单元中参与刚度矩阵的位移矢量仅为 $\{U_1 \quad U_2 \quad U_3 \quad U_4\}^T$。于是，裂纹尖端的节点力为：

$$F_x = K_x(U_1 - U_3) 、 \quad F_y = K_y(U_2 - U_4) \qquad (4\text{-}15)$$

式中　　$\{U_1 \quad U_2 \quad U_3 \quad U_4\}^T$——节点 1 和节点 2 在整体坐标系（$x$，$y$）下的位移分量；

K_x 和 K_y——x 和 y 方向的弹簧刚度，K_x 和 K_y 在初始时被设置为一个很大的数值以保证裂纹尖端是闭合的。

　　节点 3、节点 4 和节点 5 的引入仅仅是被用来从有限元分析结果中提取相关信息，进而计算裂纹尖端后面的张开位移和裂纹尖端前面的虚拟裂纹扩展量，它们对单元的刚度矩阵并没有实际贡献。因此，这类节点被叫作哑节点。哑节点的引入是这种断裂单元和常规单元的区别所在。节点 3 和节点 4 可以用来计算裂纹尖端后面的张开位移，而裂纹虚拟扩展量是节点 1 和节点 5 之间沿 x 方向的距离。到此为止，断裂单元中已经具备了计算能量释放率所需的所有变量：裂纹尖端处的节点力、裂纹尖端后面的张开位移和裂纹尖端前面的虚拟扩展量，因此可以计算对应的能量释放率。哑节点断裂单元通过 UEL 可以方便地引入 ABAQUS 中用于计算时调用，易于进行参数的系统研究而无需烦琐地重复后处理过程。

虚拟裂纹闭合法所具有的独特优点可以概括为方法相当简单、精度相对可靠。但到目前为止，虚拟裂纹闭合法并没有严格意义上的数学证明，只能给出一定意义上的数学解释。虚拟裂纹闭合法对网格尺寸不敏感这个特性也没有得到数学上的证明。显然，裂纹尖端处的节点力、裂纹尖端后面的张开位移以及裂纹尖端前面的虚拟裂纹扩展量都各自和网格粗细有关。但每个量对网格尺寸的依赖程度却可以完全不同。因此，从虚拟裂纹闭合法的计算公式中来看，它们的运算组合可能恰好极大地削弱了网格尺寸的影响。尽管尚没有数学上的严格证明，但大量的数值结果已经反复表明存在网格尺寸不敏感这一特性，因而不阻碍虚拟裂纹闭合技术的广泛应用。虚拟裂纹闭合法无论是处理线状裂纹（裂纹足够长，忽略裂纹前沿的具体形貌）还是面状裂纹（裂纹主导尺寸相近）均是适用的。面状裂纹是由裂纹前沿而不是一个裂纹端点来描述，因而更为复杂。但是其虚拟裂纹闭合法的基本思路并没有改变。

需要说明的是，无论是 XFEM 还是本书中给出的 LMR-XFEM，当裂纹并没有穿过单元而是落在单元边界时仍然是可以计算的，即退回到有限元时的情况，只是对应的裂纹面增强节点和裂尖增强节点的位置、数量需要调整。虚拟裂纹闭合方法针对高阶单元和奇异单元同样适用。奇异单元是通过调整高阶单元中间节点的位置而来的（八节点的二阶单元对应 1/4 节点，十二节点的三阶单元对应 1/9 节点和 4/9 节点）。这就意味着虚拟裂纹闭合技术除了能和 XFEM 很好地结合，也能和本书中给出的 LMR-XFEM 结合使用，获取裂尖能量释放率。因此，除了后面要介绍的相互作用积分法，当对计算精度要求不是特别高而关注计算效率时可以采用虚拟裂纹闭合法求解。

虚拟裂纹闭合法在最初提出时，由于没有复杂而严密的数学推导过程，并没有引起理论研究人员过多的兴趣。此外，受到当时计算机硬件和软件的限制，断裂分析并不普遍。但是随着计算机性能的飞速提升和大型商业软件的普及，借助数值计算进行断裂分析的工作变得切实可行而且越来越多。由于其简洁性和有效性，虚拟裂纹闭合法逐步引起人们的注意。除了 ABAQUS 已经推出专用的模块之后，其他软件，例如

MSC 公司的 NASTRAN 软件等也包含了虚拟裂纹闭合法的功能。借助商业软件良好的平台，该方法已逐步被应用于复合材料的断裂分析（包括面内断裂和分层开裂等）、岩土材料和聚合物的断裂分析、补强和粘接接头等构件的断裂分析与评估、冲击载荷与循环载荷下裂纹的响应、温度效应和热效应、电子封装与压电材料的断裂等方面。

4.4 数值实现和程序编制

LMR-XFEM 与 XFEM 的程序编制过程基本一致（见图 3-3）。不同之处在于并没有采用裂尖增强函数，而是沿用了奇异单元的思想。在每个分析步之前，将"补丁"（如图 4-3 中的阴影部分）覆盖在原网格之上，补丁的边界与原网格特定的区域边界共用节点。将补丁下面原来的网格对应的单元刚度赋予一个接近于 0 的极小值，即强制其不起作用，而是依靠补丁确保计算的精度和收敛性。由于该方法中的网格与不连续体，包括裂纹和夹杂之间相互独立。方便起见，可以在有限元商业软件中对实体划分网格后，再将单元和节点信息导入计算程序。下面的例子是将 ANSYS 中的单元和节点信息通过 FORTRAN 程序读取并读出，生成 MATLAB 可以识别的.m 文件。这里单元的类型是四边形八节点二次单元。

```
program ANStoMF
implicit none
integer I,J,L,K
integer inod,ielem,nnode,nelem,N_int_elem,..,numelem,numnode
integer,allocatable::element(:,:)
doubleprecision,allocatable::node(:,:)
!give name of txt file's
open(66,file='element.txt')    !单元文件
open(77,file='node.txt')       !节点文件
open(80,file='input_ne.m')     !要写出的 m 文件

read(66,*)numelem
```

```
N_int_elem=numelem/23;
if(numelem-N_int_elem* 23. eq. 0)then
  N_res_elem=0;
else
  N_res_elem=numelem-N_int_elem* 23-3;
endif
nelem=N_res_elem+N_int_elem* 20;
write(*,*)numelem,N_int_elem,N_res_elem,nelem
read(77,*)numnode
N_int_nod=numnode/22;
if(numnode-N_int_nod* 22. eq. 0)then
  N_res_nod=0;
else
  N_res_nod=numnode-N_int_nod* 22-2;
endif
nnode=N_res_nod+N_int_nod* 20;
write(*,*)numnode,N_int_nod,N_res_nod,nnode
allocate(element(nelem,8),node(nnode,2))
! - - - - - - - - input elements information- - - - - - - - - !
IElem=1
Do I=1,N_int_elem
    read(66,*)
    read(66,*)
    read(66,*)
Do J=1,20
    read(66,*)element(IElem,1),…,element(IElem,8)
    IElem=IElem+1
    enddo
enddo
if(numelem-N_int_elem* 23. gt. 0)then
    read(66,*)
    read(66,*)
```

```
        read(66,*)
      Do I=1,N_res_elem
         read(66,*)element(IElem,1),..,element(IElem,8)
         IElem=IElem+1
      enddo
      write(*,*)'elem end'
    endif
! - - - - - - - - - input node information- - - - - - - - - - - -!
      Inod=1
      Do I=1,N_int_nod
         read(77,*)
         read(77,*)
      Do L=1,20
         read(77,*)node(Inod,1),node(Inod,2)
         Inod=Inod+1
         enddo
      enddo
      if(numnode-N_int_nod* 22.gt.0)then
         read(77,*)
         read(77,*)
      Do I=1,N_res_nod
         read(77,*)node(Inod,1),node(Inod,2)
         Inod=Inod+1
        enddo
        write(*,*)'node end'
      endif
! - - - - - - - - - - - - - - - - - - - - - - - - - - - - - - - - -
      write(80,*)'function [element,node]=input_ne'!M文件第一行
      write(80,*)''!M文件第二行，空格
      write(80,*)'node=[ ];element=[ ];'!M文件第三行，附初值
      write(80,*)''!M文件第四行，空格
! - - - - - - - - - - input elem information- - - - - - - - -
```

```
write(80,*)'element=[%node_id 1- 8'!单元开头
do i=1,nelem
write(80,500)element(i,1),…,element(i,8)
enddo
write(80,*)'];'!单元结尾
```

`! - - - - - - - - - - - input nodes information- - - - - - - -`

```
write(80,*)'node=[%coord_x_y'!节点开头
do i=1,nnode
write(80,*)node(i,1),node(i,2)
enddo
write(80,*)'];'!节点结尾
500    format(8I8)
end
```

将 ANSYS 中单元和节点对应的.txt 文件复制到 MATLAB 的根目录中，运行程序即可直接生成所需的.m 文件，用于 LMR-XFEM 的分析。如果单元类型改变，例如四节点单元，只需将上述程序稍加修改就能达到转化的目的。接着介绍 LMR-XFEM 程序的编制过程，在 MATLAB7.0 以上版本均适用。

```
clear all    %清理所有变量
clc    %清屏
state=0;
tic;
global node element nodes elements    %定义全局变量
L=100;
D=100;%定义研究问题区域，例如二维矩形板
nbuttelem=5;%定义靶形单元环数
nbuttratio=1.2;%定义"补丁"形状
stressState='PLANE_STRAIN';%定义平面应变状态
sigmato=1; %赋予载荷初值
disp([num2str(toc),'MESH GENERATION'])    %网格生成
nnx=91;
nny=91;
```

```
pt1=[0  0];
pt2=[L  0];
pt3=[L  D];
pt4=[0  D];
elemType='Q8'; singular_ratio=0.5;
quad_order=3;
  [node,element]=meshRectangularRegion(pt1,pt2,pt3,pt4,nnx,…)
```
%网格可以通过程序编辑，也可以直接导入。当网格划分相对复杂时，用导入的方法较为便捷
```
  …
dispNodes=botNodes;    %位移边界条件对应的节点
tracNodes=topNodes;    %载荷边界条件对应的节点
a=0.25*L; %定义边裂纹长度，扩展以后长度信息向量更新
  [xcn,ycn,an,bn,tn]=Inclusion(a,L,D);    %定义夹杂位置
  …
stp=1;%裂纹准静态扩展步数
```
%此时可以定义 for 循环，根据裂纹扩展步数设置循环次数和更新裂纹
```
  …
xCr=[xCr; add_tip];
```
%此处可定义裂纹相近特征信息，包括裂尖坐标、倾角和坐标转换关系等
```
  …
nodes=[node; refine_node];    %生成单元和补丁包含节点信息
elements=[element; refine_element];
  …
  [enrich_node,split_elem,cf_elem,Inc_nodes,Inc_elems]=…
findsplitelem(support_elem,xCr,Tipnode,Inc0);
```
%通过水平集函数找到与不连续体相关的不同类型的增强单元和节点，包括裂纹穿过单元节点、裂尖单元节点和夹杂界面穿过单元节点。由于裂纹是一条首尾相连的线段，可以通过点与线段的方位判断设置裂纹尖端可以在一个单元内扩展多步而不影响计算精度。
```
total_unknown=numnodes*2+size(split_node,1)*1*2+…
    length([find(Inc_nodes==1)])*1*2;
```

```
        K=sprase(total_unknown,total_unknown);
```
%根据增强节点的类型和个数确定总的自由度数，从而确定初始化总刚度矩阵
```
        pos=sprase(zeros(numnodes,1));
        posInc=sprase(zeros(numnodes,1));
        nsnode=0;
        for i=1:numnodes
            if (enrich_node(i))==1
            pos(i)=(numnodes+nsnode*1)+1;
            nsnode=nsnode+1;
            end
        end
        for i=1:numnodes
            if (enrich_node(i))==- 1
            pos(i)=(numnodes+nsnode*1)+1;
            nsnode=nsnode+1;
            end
        end
        nInode=0;
        for iIn=1:size(Inc_elems,2)
          for  i=1:numnodes
            if  (Inc_nodes(i,iIn)==1)
            posInc(i,iIn)=(numnodes+nsnode+nInode )+1;
          nInode=nInode+1;
            end
          end
        end
```
%上面是将所有增加的虚拟自由度按照类型依次加在原来自由度之后
```
        ...
          ke=B'*C*B*W(kk)*det(J0);
        for i=1:length(sctrB)
            for j=1:length(sctrB)
              K(sctrB(i),sctrB(j))=K(sctrB(i),sctrB(j))+ke(i,j);
```

```
            end
        end
        …
```

%组集整体刚度矩阵，再按照本书之前介绍过的高斯积分方式，对组集形成的整体刚度矩阵进行离散求解。其中包含了不同应力状态、不同单元类型和单元被裂纹穿过时增强节点的设置等。

```
        …
        f(sctry)=f(sctry)+N*sigmato*det(J0)*wt
        …
```

%将施加在区域边界的应力边界条件转化为等效节点力，直接施加在节点上

```
        spnode=unique(elements(support_elem,:));
        reelem=unique(refine_elem);
        noKnode=[ ];
        for  inoK=1:size(spnode,1)
          if (~ismember(spnode(inoK),reelem))
            noKnode=[noKnode spnode(inoK)];
          end
        end
```

%将补丁下面的原来的单元找到，设置其对刚度的贡献接近于0

```
        udof=2*noKnode- 1;
        vdof=2*noKnode;
        f(udof)=0;
        f(vdor)=0;
        K(udof,:)=0;
        K(vdof,:)=0;
        K(:,udof)=0;
        K(:,vdof)=0;
        K(udof,udof)=bcwt*speye(length(udof));
        K(vdof,vdof)=bcwt*speye(length(vdof));
```

%设置定义的约束条件，通常采用化1为0法

```
        …
        u=K\f;
```

```
u_x=u(1:2:2*numnodes);

u_y=u(2:2:2*numnodes);
```

%由于是线弹性问题，可以直接求解位移场，但需要对刚度矩阵求逆

```
...

stress(e,q,:)=C*strain;

...
```

%获取位移场之后，根据几何关系和物理关系可以确定应变、应力场。包含了不同单元类型的所有节点对应的基本场

```
[Jdomain,qnode,radius]=Jdomain_c(xTip,support_elem);

[Knum,J_I,Jcommon]=Ksolve(Jdomain,…,posInc);

Knum=Knum/(sqrt(pi*a));
```

%采用本书中给出的相互作用积分，在后处理过程中计算裂尖的断裂参数。可以发现，整体的计算框架是将 FEM 和 XFEM 的特点结合在一起，为了方便计算断裂参数和模拟裂纹扩展。由于是准静态加载，根据适当的断裂准则判断如果裂纹起裂，则设置很小的一个步长，通常是裂尖附近单元尺寸的1/3或1/2。裂纹沿着一定的扩展角度向前延伸这样的一个距离。此时，裂纹形状更新，重新判断与原始网格间的关系。找到新的裂纹面、夹杂界面和裂纹尖端对应的增强节点的位置，将补丁覆盖在原来的结构化的网格之上，重新求解。如此不断重复就可以形成一条裂纹准静态扩展的轨迹。通常，如果步长取值较小，扩展轨迹就是一条光滑的曲线。

参考文献

[1]　Yu H J，Wu L Z，Guo L C，Du S Y，He Q L. Investigation of Mixed-Mode Stress Intensity Factors for Nonhomogeneous Materials using an Interaction Integral Method [J]. International Journal of Solids and Structures，2009，46 (20)：3710-3724.

[2]　Yu H J，Wu L Z，Guo L C，He Q L，Du S Y. Interaction Integral Method for the Interfacial Fracture Problems of Two Nonhomogeneous Materials [J]. Mechanics of Materials，2010，42 (4)：435-450.

[3]　Guo L C，Guo F N，Yu H J，Zhang L. An interaction energy integral method for nonhomogeneous materials with interfaces under thermal loading [J]. International Journal of Solids and Structures，2012，49：355-365.

[4]　Guo F N，Guo L C，Yu H J，Zhang L. Thermal fracture analysis of nonhomogeneous piezoelectric materials using an interaction energy integral method [J]. International Journal of Solids and Structures，2014，51：910-921.

[5]　Hou C，Wang Z Y，Liang W G，Li J B，Wang Z H. Determination of fracture parameters in center cracked circular discs of concrete under diametral loading：A numerical analysis and experimental results [J]. Theoretical & Applied Fracture Mechanics，2016，85：

355-366.

[6] Hou C, Wang Z Y, Liang W G, Yu H J, Wang Z H. Investigation of the effects of confining pressure on SIFs and T-stress for CCBD specimens using the XFEM and the interaction integral method [J]. Engineering Fracture Mechanics, 2017, 178: 279-300.

[7] Wang Z Y, Ma L, Wu L Z, Yu H J. Numerical simulation of crack growth in brittle matrix of particle reinforced composites using the xfem technique [J]. Acta Mechanica Solida Sinica, 2012, 21 (1): 9-21.

[8] Wang Z Y, Ma L, Yu H J, Wu L Z. Dynamic stress intensity factors for homogeneous and non-homogeneous materials using the interaction integral method [J]. Engineering Fracture Mechanics, 2014, 128 (16): 8-21.

[9] Wang Z Y, Yu H J, Wang Z H. A local mesh replacement method for modeling near-interfacial crack growth in 2D composite structures [J]. Theoretical & Applied Fracture Mechanics, 2014, 75: 70-77.

[10] Rybicki E F, Kanninen M F. A finite element calculation of stress intensity factors by a modified crack closure integral. Engineering Fracture Mechanics, 1977, 9: 931-938.

[11] Raju I D. Calculation of strain-energy release rates with high-order and sigular finite elements. Engineering Fracture Mechanics, 1987, 28: 251-274.

第 5 章　相互作用积分法

众所周知，J 积分由 Rice 提出，是一个处理非线性断裂问题的参数。这个参数的引入基于能量守恒的概念，因而对裂纹尖端应力奇异性的依赖程度相对较弱。Rice 证明了 J 积分的数值不依赖于围绕裂纹的积分路径，因此 J 积分通常也被称作路径无关积分。J 积分可以用于描述弹塑性裂尖应力、应变场的综合强度，可以根据它建立相应的延性断裂判据。当然，J 积分使用时要满足一些基本条件，这些条件在众多断裂力学书籍中都有列出，而本章关注的仍然是线弹性断裂力学中 J 积分的应用问题。

本章将介绍由传统的 J 积分方法导出的一种新形式的相互作用积分法。该方法在当积分围道包含非均质材料界面时亦可方便地被用于提取裂纹尖端混合型应力强度因子，针对实际问题具有更好的适用性。另外，较传统相互作用积分法而言其应用范围也更为广泛。

5.1　J 积分法

首先给出线弹性材料的 J 积分表达式：

$$J = \lim_{\Gamma \to 0} \int_{\Gamma} (W\delta_{1i} - \sigma_{ij}u_{j,1})n_i \mathrm{d}\Gamma \tag{5-1}$$

式中 W——应变能密度；

  δ_{1i}——Kronecker 符号；

  σ_{ij}——应力张量；

  n_i——弧元素法线的方向余弦；

  Γ——积分路径，如图 5-1 所示。

在小变形理论的假设下，当平衡方程中不存在体积力时，上述 J 积分具有路径无关性。

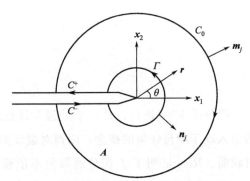

图 5-1 裂尖局部坐标系及相互作用积分区域

5.2 相互作用积分法

根据叠加原理，将引入的辅助场和真实场叠加并代入 J 积分表达式中得到：

$$J = \lim_{\Gamma \to 0} \int_{\Gamma} \left[\frac{1}{2} (\sigma_{ij} + \sigma_{ij}^{\text{aux}})(\varepsilon_{ij} + \varepsilon_{ij}^{\text{aux}})\delta_{1j} - (\sigma_{ij} + \sigma_{ij}^{\text{aux}}) \frac{\partial (u_i + u_i^{\text{aux}})}{\partial x_1} \right] n_j \mathrm{d}\Gamma$$

$$(5-2)$$

将式（5-2）中的被积函数进行分解可以得到三项，分别为真实场作用下的 J 积分、辅助场作用下的 J 积分和二者交叉部分。这个交叉项即为相互作用积分。另外，当 $\Gamma \to 0$ 时裂纹尖端无限小回路积分不能直接求解，而且线积分存在数值不确定性。这时可将被积函数乘以权函数 q 后应用散度定理，将线积分直接转化为等效的面积分。经过以上处理后相互作用积分可以表示为：

$$I = \int_A \left[-\sigma_{ij}\varepsilon_{ij}^{\mathrm{aux}} + \sigma_{ij}\frac{\partial u_i^{\mathrm{aux}}}{\partial x_1} + \sigma_{ij}^{\mathrm{aux}}\frac{\partial u_i}{\partial x_1} \right] \frac{\partial q}{\partial x_j}\mathrm{d}A \qquad (5\text{-}3)$$

式中　σ_{ij}、ε_{ij} 和 u_i——真实场；

$\sigma_{ij}^{\mathrm{aux}}$、$\varepsilon_{ij}^{\mathrm{aux}}$ 和 u_i^{aux}——辅助场。

辅助场采用各向同性材料裂纹尖端场 Williams 解的低阶项。权函数 q 的取法为：当节点位于积分区域 A 的内环时 $q=1$；当节点位于积分区域 A 的外环时 $q=0$；单元内部任意位置的 q 值通过节点插值得到。众所周知，在线弹性本构关系下，J 积分等于能量释放率，并且与应力强度因子有如下关系：

$$J = G = \frac{1}{E'}(K_{\mathrm{I}}^2 + K_{\mathrm{II}}^2) \qquad (5\text{-}4)$$

$$E' = \begin{cases} E & \text{平面应力} \\ \dfrac{E}{1-\nu^2} & \text{平面应变} \end{cases} \qquad (5\text{-}5)$$

同样地，根据叠加原理，真实场和辅助场共同作用下的 J 积分为：

$$J^{\mathrm{sum}} = J + J^{\mathrm{aux}} + \frac{2}{E'}(K_{\mathrm{I}}K_{\mathrm{I}}^{\mathrm{aux}} + K_{\mathrm{II}}K_{\mathrm{II}}^{\mathrm{aux}}) \qquad (5\text{-}6)$$

可以得到相互作用积分和应力强度因子的关系：

$$I = \frac{2}{E'}(K_{\mathrm{I}}K_{\mathrm{I}}^{\mathrm{aux}} + K_{\mathrm{II}}K_{\mathrm{II}}^{\mathrm{aux}}) \qquad (5\text{-}7)$$

由于辅助场形式是可控的，分别令 $K_{\mathrm{I}}^{\mathrm{aux}}=1$，$K_{\mathrm{II}}^{\mathrm{aux}}=0$ 和 $K_{\mathrm{I}}^{\mathrm{aux}}=0$，$K_{\mathrm{II}}^{\mathrm{aux}}=1$ 便可分离并求得混合型的应力强度因子。

对于非均匀材料适用的相互作用积分，其推导过程和均匀材料类似，首先，定义一个由真实场和辅助场相互作用下的能量-动量张量：

$$P_{1j} = (\sigma_{ik}\varepsilon_{ij}^{\mathrm{aux}}\delta_{1j} - \sigma_{ij}u_{i,1}^{\mathrm{aux}} - \sigma_{ij}^{\mathrm{aux}}u_{i,1}) \qquad (5\text{-}8)$$

采用不兼容形式的辅助场：

$$u_i^{\mathrm{aux}} = \frac{K_{\mathrm{I}}^{\mathrm{aux}}}{2\mu_0}\sqrt{\frac{r}{2\pi}}u_i^{\mathrm{I}}(\theta) + \frac{K_{\mathrm{II}}^{\mathrm{aux}}}{2\mu_0}\sqrt{\frac{r}{2\pi}}u_i^{\mathrm{II}}(\theta) \qquad (5\text{-}9)$$

$$\sigma_{ij}^{\mathrm{aux}} = \frac{K_{\mathrm{I}}^{\mathrm{aux}}}{\sqrt{2\pi r}}\sigma_{ij}^{\mathrm{I}}(\theta) + \frac{K_{\mathrm{II}}^{\mathrm{aux}}}{\sqrt{2\pi r}}\sigma_{ij}^{\mathrm{II}}(\theta) \qquad (5\text{-}10)$$

式中　μ_0——裂尖处的剪切模量；

r、θ——如图 5-1 所示的局部极坐标。

辅助应变场可通过式（5-11）求得：

$$\varepsilon_{ij}^{\text{aux}} = S_{ijkl}(x)\sigma_{kl}^{\text{aux}} \tag{5-11}$$

式中　$S_{ijkl}(x)$——非均匀材料对应的柔度张量。

此时，式（5-3）的相互作用积分可以重新表示为：

$$I = -\oint_C P_{1j}m_j q\,\mathrm{d}C \tag{5-12}$$

$$C = C_0 + C^+ + C^-$$

式中　C——闭合的积分路径，如图 5-1 所示；

　　　m_j——该路径的单位外法线向量；

　　　q——前文提到的权函数，或试函数；

C^+、C^-——上下裂纹面，此处假定裂纹面皆为自由表面。

在积分回路 Γ 上有 $m_j = -n_j$。对式（5-12）应用散度定理，并取 $\Gamma \to 0$ 时的极限值，可以得到：

$$I = -\int_\Omega P_{1j}q_{,j}\,\mathrm{d}\Omega - \int_\Omega P_{1j,j}q\,\mathrm{d}\Omega \tag{5-13}$$

式中　Ω——C_0 所包围的整个区域。

根据所选辅助场的特点，辅助位移场和辅助应变场是不兼容的，即只有在裂尖处才满足几何关系。因此，对于非均匀材料，张量 P_{1j} 的散度并不为零，导致式（5-13）等号右端第二项不能被消去，这与均匀材料的情况有所不同。经过一系列代数运算可得到相互作用积分表达式为：

$$I = \int_\Omega (\sigma_{ij}u_{i,1}^{\text{aux}} + \sigma_{ij}^{\text{aux}}u_{i,1} - \sigma_{ik}\varepsilon_{ik}^{\text{aux}}\delta_{1j})q_{,j}\,\mathrm{d}\Omega$$

$$+ \int_\Omega [\sigma_{ij}(u_{i,1j}^{\text{aux}} - \varepsilon_{ij,1}^{\text{aux}})]q\,\mathrm{d}\Omega - \int_\Omega [C_{ijkl,1}\varepsilon_{kl}\varepsilon_{ij}^{\text{aux}}]q\,\mathrm{d}\Omega \tag{5-14}$$

式（5-14）中等号右端第一部分与均匀材料时相同，第二部分是由辅助场的选择方式产生的附加项，第三部分是由材料弹性张量随位置变化而产生的附加项。下面，尝试对式（5-14）做一些形式上的改变。根据辅助场的定义，可以发现辅助应力场并不涉及材料属性 μ_0，而辅助位移场包含裂尖处材料属性。因此，辅助应变不能通过几何关系而必须通过本构关系式（5-11）求得。换言之，几何关系仅仅在裂尖处成立。为了方便推导，额外定义裂尖处的应变场为：

$$\varepsilon_{ij}^{\text{aux}0} = S_{ijkl}^{\text{tip}}(x)\sigma_{kl}^{\text{aux}} \quad (i,j,k,l=1,2) \tag{5-15}$$

且 $\varepsilon_{ij}^{\text{aux}0}$ 满足：

$$\varepsilon_{ij}^{\text{aux}0} = (u_{i,j}^{\text{aux}} + u_{j,i}^{\text{aux}})/2 \tag{5-16}$$

式（5-13）中等号右端第二项代表非均匀项，可以表示为：

$$I_{\text{nonh}} = \int_A (\sigma_{ij}^{\text{aux}} u_{j,1} + \sigma_{ij} u_{j,1}^{\text{aux}} - \sigma_{jk}^{\text{aux}}\varepsilon_{jk}\delta_{1j})_{,i} q\,\mathrm{d}A \tag{5-17}$$

将式（5-17）的被积函数展开，可得：

$$I_{\text{nonh}} = \int_A (\sigma_{ij,i} u_{j,1}^{\text{aux}} + \sigma_{ij,i}^{\text{aux}} u_{j,1} + \sigma_{ij} u_{j,i1}^{\text{aux}}$$

$$+ \sigma_{ij}^{\text{aux}} u_{j,i1} - \sigma_{ij}^{\text{aux}}\varepsilon_{ij,1} - \sigma_{ij,1}^{\text{aux}}\varepsilon_{ij})q\,\mathrm{d}A \tag{5-18}$$

如果不计体力，根据二维问题的平衡方程，有：

$$\begin{cases} \sigma_{ij,i} u_{j,1}^{\text{aux}} = \sigma_{ij,i}^{\text{aux}} u_{j,1} = 0 \\ \sigma_{ij}^{\text{aux}} u_{j,i1} - \sigma_{ij}^{\text{aux}}\varepsilon_{ij,1} = 0 \end{cases} \tag{5-19}$$

此时，可将式（5-18）简化为：

$$I_{\text{nonh}} = \int_A (\sigma_{ij} u_{j,i1}^{\text{aux}} - \sigma_{ij,1}^{\text{aux}}\varepsilon_{ij})q\,\mathrm{d}A \tag{5-20}$$

将式（5-15）、式（5-16）代入式（5-20），被积函数第一项可以改写成：

$$\sigma_{ij} u_{j,i1}^{\text{aux}} = \sigma_{ij}\frac{1}{2}(u_{j,i1}^{\text{aux}} + u_{i,j1}^{\text{aux}}) = \sigma_{ij}\varepsilon_{ij,1}^{\text{aux}0} = \sigma_{ij}(S_{ijkl}^{\text{tip}}\sigma_{kl}^{\text{aux}})_{,1}$$

$$= \sigma_{ij} S_{ijkl}^{\text{tip}}\sigma_{kl,1}^{\text{aux}} \tag{5-21}$$

另外，假定真实场和辅助场具有相同的弹性张量，即

$$\varepsilon_{ij}^{\text{aux}} = S_{ijkl}(x)\sigma_{kl}^{\text{aux}}, \varepsilon_{ij} = S_{ijkl}(x)\sigma_{kl} \quad (i,j,k,l=1,2) \tag{5-22}$$

将式（5-21）和式（5-22）代入式（5-20），综合相互作用积分中的均匀项和非均匀项，可得：

$$I = \int_A (\sigma_{ij}^{\text{aux}} u_{j,1} + \sigma_{ij} u_{j,1}^{\text{aux}} - \sigma_{jk}^{\text{aux}}\varepsilon_{jk}\delta_{1i})q_{,i}\,\mathrm{d}A$$

$$+ \int_A \sigma_{ij}[S_{ijkl}^{\text{tip}} - S_{ijkl}(x)]\sigma_{kl,1}^{\text{aux}} q\,\mathrm{d}A \tag{5-23}$$

如果保持式（5-20）中被积函数第一项不变，而是将第二项做如下变化：

$$\sigma_{ij,1}^{\mathrm{aux}}\varepsilon_{ij} = (C_{ijkl}\varepsilon_{kl}^{\mathrm{aux}})_{,1}\varepsilon_{ij} = C_{ijkl,1}\varepsilon_{kl}^{\mathrm{aux}}\varepsilon_{ij} + C_{ijkl}\varepsilon_{kl,1}^{\mathrm{aux}}\varepsilon_{ij}$$
$$= C_{ijkl,1}\varepsilon_{kl}^{\mathrm{aux}}\varepsilon_{ij} + \sigma_{kl}\varepsilon_{kl,1}^{\mathrm{aux}} \tag{5-24}$$

可以发现，将式（5-24）代入式（5-20）得到的相互作用积分表达式与式（5-14）完全一致，即式（5-23）中表示的相互作用积分与之前给出的表达式（5-14）是完全等价的。但不同的是，新得出的相互作用积分表达式中并不包含任何与材料导数相关的项。因此，当材料属性的导数很难求得或根本不存在时也可采用该表达式进行计算。当积分区域包含材料界面（$\Gamma_{\mathrm{interface}}$）时如图 5-2 所示。

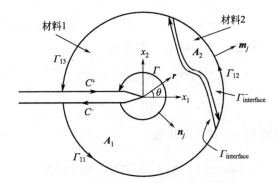

图 5-2　相互作用积分区域被材料界面割开

对应的相互作用积分表达式为：

$$I = \int_A (\sigma_{ij}^{\mathrm{aux}}u_{j,1} + \sigma_{ij}u_{j,1}^{\mathrm{aux}} - \sigma_{jk}^{\mathrm{aux}}\varepsilon_{jk}\delta_{1i})q_{,i}\,\mathrm{d}A$$
$$+ \int_A \sigma_{ij}[S_{ijkl}^{\mathrm{tip}} - S_{ijkl}(x)]\sigma_{kl,1}^{\mathrm{aux}}q\,\mathrm{d}A + I_{\mathrm{interface}}^* \tag{5-25}$$

根据第 4 章文献［1］中的严格证明，与材料界面有关的积分项为 0，即

$$I_{\mathrm{interface}}^* = 0 \tag{5-26}$$

至此，可以看出式（5-25）的相互作用积分既可以放宽对材料属性的限制，还可以计算积分区域内包含直线或曲线界面的情况，求解也更加容易。本书中所有的数值算例皆采用了这一积分方法，并采用高斯法对其进行离散：

$$I = \sum_{e=1}^{n_e} \sum_{p=1}^{n_p} \{ (\sigma_{ij}^{\mathrm{aux}} u_{j,1} + \sigma_{ij} u_{j,1}^{\mathrm{aux}} - \sigma_{jk}^{\mathrm{aux}} \varepsilon_{jk} \delta_{1i}) \, q_{,i}$$

$$+ \sigma_{ij} [S_{ijkl}^{\mathrm{tip}} - S_{ijkl}(x)] \sigma_{kl,1}^{\mathrm{aux}} q \} \mid \mathbf{J} \mid_p w_p \tag{5-27}$$

式中　n_e——积分区域包含的所有单元；

　　　n_p——每个单元所包含的积分点个数；

　　　$\mid \mathbf{J} \mid_p$——积分点 p 对应的 Jacobi 矩阵行列式；

　　　w_p——积分点 p 对应的权系数。

本章还引入了"多相单元"的思想，即在形成单元刚度矩阵时取积分点处真实的材料属性进行计算，从而能够模拟材料的非均匀属性，并保证精度和提高效率。具体的积分方法是：

① 对于仅含普通节点的单元，采用高斯积分；

② 对于被裂纹面穿过的单元，此时单元被裂纹面分割成两个部分，分别对这两个部分进行单元分解，即根据各个角点位置将单元分割成多个三角形区域，然后对每个子三角形皆采用 4 点的面积积分；

③ 对于被夹杂界面穿过的单元，可将单元划分成若干相等的子区域，并对每个区域采用高斯积分，用足够多的积分点来保证计算精度，如图 5-3 所示。

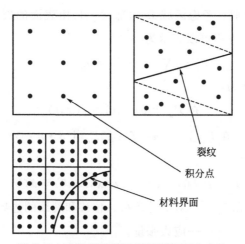

图 5-3　不同类型单元所采用的积分方法

5.3 动态问题的相互作用积分法

复合材料在实际工况中常常承受动载荷的作用，例如冲击、爆炸和循环载荷等。如果加载速率很高，可能会导致裂纹发生快速扩展，此时必须考虑惯性效应的影响。另外，裂纹也是材料边界的一部分，它在快速扩展时人们并不能预知其运动状态，而是应该由边值问题的解去确定。但这种解又依赖于边界条件及载荷，使得所求问题成为高度非线性的问题。此时，求解过程变得极为复杂，而传统的静力学方法或准静态处理方法都失去了功效。对于数值模拟工作者而言，如何开发新的、更有效的计算方法具有十分重要的意义。

准静态问题中，载荷及裂纹位置都是明确的，而在动载荷作用下，裂纹扩展时相关断裂参数及裂尖的精确位置很难控制。材料阻止裂纹扩展的能力，即断裂韧性在裂纹扩展过程中也会不断地发生变化。因此，断裂准则的选取十分关键。本节仍基于裂尖局部网格替代的扩展有限元法，并结合一种新形式的相互作用积分（后文中用于求解静态问题的表达式进行推广），用于研究颗粒增强复合材料的动态断裂问题。

与图 5-1 类似，考虑区域 Ω 内部含一自由表面的裂纹 Γ_c，此时基本的弹性动力学方程可以表示为：

$$\nabla \cdot \sigma + f^b = \rho_{\ddot{u}} \tag{5-28}$$

对应的边界条件为：

$$在 \Gamma_u 上 u(x,t) = \bar{u}(x,t) \tag{5-29}$$

$$在 \Gamma_t 上 \sigma \cdot n = f^t ; 在 \Gamma_c 上 \sigma \cdot n = 0 \tag{5-30}$$

假设初始条件为：

$$u(x,t=0) = \bar{u}(0) ; \dot{u}(x,t=0) = \bar{\dot{u}}(0) \tag{5-31}$$

式中 Γ_t、Γ_u 和 Γ_c——对应外载荷、位移和裂纹的边界；

σ——应力张量；

f^b、f^t——体力和外载荷向量。

含内部边界边值问题的变分方程可以表示为：

$$\int_{\Omega} \rho \ddot{u} \cdot \delta u \, \mathrm{d}\Omega + \int_{\Omega} \sigma \cdot \delta \varepsilon \, \mathrm{d}\Omega = \int_{\Omega} f^b \cdot \delta u \, \mathrm{d}\Omega + \int_{\Gamma} f^t \cdot \delta u \, \mathrm{d}\Gamma \quad (5\text{-}32)$$

式中 δu——指定函数空间内的试函数或者检验函数。

如果忽略阻尼影响，对应的离散形式为：

$$M\ddot{u}^h + Ku^h = f \quad (5\text{-}33)$$

式中 u^h 和 $\ddot{u}^h$——节点位移和加速度向量。仍然采用裂尖局部网格替代的扩展有限元法进行计算。单元刚度矩阵 K、质量矩阵 M 以及外载荷向量 f 有如下定义：

$$K_{ij}^e = \begin{bmatrix} K_{ij}^{uu} & K_{ij}^{ua} & K_{ij}^{ub} \\ K_{ij}^{au} & K_{ij}^{aa} & K_{ij}^{ab} \\ K_{ij}^{bu} & K_{ij}^{ba} & K_{ij}^{bb} \end{bmatrix} \quad (5\text{-}34)$$

$$M_{ij}^e = \begin{bmatrix} M_{ij}^{uu} & M_{ij}^{ua} & M_{ij}^{ub} \\ M_{ij}^{au} & M_{ij}^{aa} & M_{ij}^{ab} \\ M_{ij}^{bu} & M_{ij}^{ba} & M_{ij}^{bb} \end{bmatrix} \quad (5\text{-}35)$$

$$f_i = \{f_i^u, f_i^a, f_i^b\} \quad (5\text{-}36)$$

这里包含了传统有限元的自由度、阶跃增强函数带来的自由度以及绝对值增强函数带来的自由度。关于增强函数引入后增强单元与传统单元之间的协调问题变得十分复杂，目前仍处于讨论阶段。本章仍采用扩展有限元被提出时所建议的方法，将增强自由度排在传统自由度编号之后，并依次递加。单元刚度矩阵由式（5-37）计算得到：

$$K_{ij}^{rs} = \int_{\Omega^e} (B_i^r)^T DB_j^s \, \mathrm{d}\Omega \, (r, s = u, a, b) \quad (5\text{-}37)$$

式中 $B = \nabla N$——应变矩阵，由形函数的导数所构成。

应变矩阵的各个分量由式（5-38）给出：

$$B_i^u = \begin{bmatrix} N_{i,x} & 0 \\ 0 & N_{i,y} \\ N_{i,y} & N_{i,x} \end{bmatrix} \quad (5\text{-}38)$$

$$\boldsymbol{B}_i^a = \begin{bmatrix} (N_i\boldsymbol{\Psi})_{,x} & 0 \\ 0 & (N_i\boldsymbol{\Psi})_{,y} \\ (N_i\boldsymbol{\Psi})_{,y} & (N_i\boldsymbol{\Psi})_{,x} \end{bmatrix} \tag{5-39}$$

$$\boldsymbol{B}_i^b = \begin{bmatrix} (N_i\varphi)_{,x} & 0 \\ 0 & (N_i\varphi)_{,y} \\ (N_i\varphi)_{,y} & (N_i\varphi)_{,x} \end{bmatrix} \tag{5-40}$$

采用偏移形式的增强函数来消除混合单元带来的影响。质量矩阵可以表示为：

$$\boldsymbol{M}_{ij}^{uu} = \int_\Omega \rho N_i N_j \mathrm{d}\Omega \tag{5-41}$$

$$\boldsymbol{M}_{ij}^{aa} = \int_\Omega \rho (N_i\boldsymbol{\Psi}_i)(N_j\boldsymbol{\Psi}_j) \mathrm{d}\Omega \tag{5-42}$$

$$\boldsymbol{M}_{ij}^{bb} = \int_\Omega \rho (N_i\varphi_i)(N_j\varphi_j) \mathrm{d}\Omega \tag{5-43}$$

$$\boldsymbol{M}_{ij}^{ua} = \boldsymbol{M}_{ij}^{au} = \int_\Omega \rho N_i (N_j\boldsymbol{\Psi}_j) \mathrm{d}\Omega \tag{5-44}$$

$$\boldsymbol{M}_{ij}^{ub} = \boldsymbol{M}_{ij}^{bu} = \int_\Omega \rho N_i (N_j\varphi_j) \mathrm{d}\Omega \tag{5-45}$$

$$\boldsymbol{M}_{ij}^{ab} = \boldsymbol{M}_{ij}^{ba} = \int_\Omega \rho (N_i\boldsymbol{\Psi}_i)(N_j\varphi_j) \mathrm{d}\Omega \tag{5-46}$$

力向量可以表示为：

$$\boldsymbol{f}_i^u = \int_{\Gamma_t} N_i \boldsymbol{f}^t \mathrm{d}\Gamma + \int_{\Omega^e} N_i \boldsymbol{f}^b \mathrm{d}\Omega \tag{5-47}$$

$$\boldsymbol{f}_i^a = \int_{\Gamma_t} N_i \boldsymbol{\Psi} \boldsymbol{f}^t \mathrm{d}\Gamma + \int_{\Omega^e} N_i \boldsymbol{\Psi} \boldsymbol{f}^b \mathrm{d}\Omega \tag{5-48}$$

$$\boldsymbol{f}_i^b = \int_{\Gamma_t} N_i \varphi \boldsymbol{f}^t \mathrm{d}\Gamma + \int_{\Omega^e} N_i \varphi \boldsymbol{f}^b \mathrm{d}\Omega \tag{5-49}$$

为了下面的论述，引入包含阻尼的运动方程：

$$\boldsymbol{M}\ddot{\boldsymbol{u}}^h + \boldsymbol{C}\dot{\boldsymbol{u}}^h + \boldsymbol{K}\boldsymbol{u}^h = \boldsymbol{f} \tag{5-50}$$

本章采用纽马克时间积分方法求解该方程，对应任意的时间步 n，有：

$$\boldsymbol{M}\ddot{\boldsymbol{u}}_n^h + \boldsymbol{C}\dot{\boldsymbol{u}}_n^h + \boldsymbol{K}\boldsymbol{u}_n^h = \boldsymbol{f}_n \tag{5-51}$$

式中　$\boldsymbol{M}_n$、$\boldsymbol{K}_n$ 和 $\boldsymbol{C}_n$ ——质量、刚度和阻尼矩阵；

$\boldsymbol{f}_n$——n 时刻对应的载荷列向量。

对于每一个时间步长 Δt，计算时间 $t+\Delta t$ 的有效载荷为：

$$\hat{f}_{t+\Delta t} = f_{t+\Delta t} + M(c_0 a_t + c_2 \dot{a}_t + c_3 \ddot{a}_t) + C(c_1 a_t + c_4 \dot{a}_t + c_5 \ddot{a}_t)$$

$$(5\text{-}52)$$

求解时间 $t+\Delta t$ 的位移为：

$$LDL^T a_{t+\Delta t} = \hat{f}_{t+\Delta t} \qquad (5\text{-}53)$$

求解时间 $t+\Delta t$ 的加速度和速度分别为：

$$\ddot{a}_{t+\Delta t} = c_0 (a_{t+\Delta t} - a_t) - c_2 \dot{a}_t - c_3 \ddot{a}_t$$

$$\dot{a}_{t+\Delta t} = \dot{a}_t + c_6 \ddot{a}_t + c_7 \ddot{a}_{t+\Delta t} \qquad (5\text{-}54)$$

其中，有效刚度矩阵及其三角分解分别可表示为：

$$\begin{cases} \hat{K} = K + c_0 M + c_1 C \\ \hat{K} = LDL^T \end{cases} \qquad (5\text{-}55)$$

其他系数为：

$$c_0 = \frac{1}{\alpha \Delta t^2}, c_1 = \frac{\delta}{\alpha \Delta t}, c_2 = \frac{1}{\alpha \Delta t}, c_3 = \frac{1}{2\alpha} - 1$$

$$c_4 = \frac{\delta}{\alpha} - 1, c_5 = \frac{\Delta t}{2}\left(\frac{\delta}{\alpha} - 2\right), c_6 = \Delta t(1-\delta), c_7 = \delta \Delta t \qquad (5\text{-}56)$$

最后，在计算中，取 $\delta = 0.5$，$\alpha = 0.25$。根据纽马克法的特性，此时该算法是无条件稳定的，即时间步长的大小不影响解的稳定性。

绪论中曾经提到，Réthoré 等[56] 给出一种计算动态应力强度因子的相互作用积分表达式。但是该积分很难被应用于非均匀材料或积分区域内包含材料界面的情况，计算过程也相对烦琐。针对这些问题，本节仍选用不兼容形式的辅助场，并将之前求解静态问题的相互作用积分推广到动态的情况。

首先，给出均匀线弹性材料含内部裂纹时动态 J 积分表达式：

$$J = \lim_{\Gamma \to 0} \int_{\Gamma} \left[(W+L)\delta_{1i} - \sigma_{ij} u_{j,1} \right] n_i \, \mathrm{d}\Gamma \qquad (5\text{-}57)$$

式中　σ_{ij}、u_i——应力和位移分量（$i,j=1,2$）；

δ_{ij}——Kronecker 符号；

n_i——积分回路 Γ 上的单位外法线向量；

W、L——应变能密度和动能密度。

问题描述及坐标系如图 5-2 所示。

在线弹性介质中，有：

$$W = \frac{1}{2}\sigma_{ij}\varepsilon_{ij} \tag{5-58}$$

$$L = \frac{1}{2}\rho\dot{u}_j^2 \tag{5-59}$$

式中 ρ、$\dot{u}$——质量密度和速度。

将上两式代入式（5-57）中可得：

$$J = \lim_{\Gamma \to 0}\int_{\Gamma} \left[\left(\frac{1}{2}\sigma_{jk}\varepsilon_{jk} + \frac{1}{2}\rho\dot{u}_j^2 \right)\delta_{1i} - \sigma_{ij}u_{j,1} \right] n_i \, \mathrm{d}\Gamma \tag{5-60}$$

其次，根据在小变形、线弹性本构方程条件下应力、应变和位移均满足叠加原理的特性，将真实场和辅助场叠加，有：

$$\sigma_{ij} \to \sigma_{ij} + \sigma_{ij}^{\mathrm{aux}}; \varepsilon_{ij} \to \varepsilon_{ij} + \varepsilon_{ij}^{\mathrm{aux}}; u_j \to u_j + u_j^{\mathrm{aux}} \tag{5-61}$$

代入积分表达式（5-60），得到：

$$J^t = \lim_{\Gamma \to 0}\left\{ \left[\frac{1}{2}(\sigma_{jk} + \sigma_{jk}^{\mathrm{aux}})(\varepsilon_{jk} + \varepsilon_{jk}^{\mathrm{aux}}) + \frac{1}{2}\rho(\dot{u}_j + \dot{u}_j^{\mathrm{aux}})^2 \right]\delta_{1i} \right.$$

$$\left. - (\sigma_{ij} + \sigma_{ij}^{\mathrm{aux}})(u_{j,1} + u_{j,1}^{\mathrm{aux}}) \right\} n_i \, \mathrm{d}\Gamma \tag{5-62}$$

最后，将式（5-62）展开并进行简单的数学处理，可以得到 3 个部分，分别为真实场对应的 J 积分、辅助场对应的 J 积分以及交叉项；这个交叉项即为相互作用积分。经整理后可得：

$$I = \lim_{\Gamma \to 0}\int_{\Gamma} \left[\frac{1}{2}(\sigma_{jk}^{\mathrm{aux}}\varepsilon_{jk} + \sigma_{jk}\varepsilon_{jk}^{\mathrm{aux}})\delta_{1i} + \rho\dot{u}_j\dot{u}_j^{\mathrm{aux}}\delta_{1i} - (\sigma_{ij}^{\mathrm{aux}}u_{j,1} + \sigma_{ij}u_{j,1}^{\mathrm{aux}}) \right] n_i \, \mathrm{d}\Gamma$$

$$\tag{5-63}$$

当积分路径趋近于裂纹尖端时，有限元计算中无法直接求解，因此需要将线积分转化成面积分形式。适当的做法是将式（5-63）中的被积函数乘以一个特定的权函数，然后应用散度定理直接将其转化成等效的面积分。

首先，需要指定如图 5-2 中的闭合回路为：

$$\Gamma_0 = \Gamma_B + \Gamma_c^+ + \Gamma^- + \Gamma_c^- \tag{5-64}$$

式中 Γ_B——积分区域外边界；

Γ_c^+、Γ_c^-——裂纹上、下表面；

Γ^-——积分区域内边界 Γ 的反向路径。

定义一个闭合回路积分为：

$$H = \int_{\Gamma_0} \left[\frac{1}{2}(\sigma_{jk}^{\text{aux}}\varepsilon_{jk} + \sigma_{jk}\varepsilon_{jk}^{\text{aux}})\delta_{1i} + \rho\dot{u}_j\dot{u}_j^{\text{aux}}\delta_{1i} - (\sigma_{ij}^{\text{aux}}u_{j,1} + \sigma_{ij}u_{j,1}^{\text{aux}}) \right] m_i q \mathrm{d}\Gamma$$

(5-65)

式中　m_i——该闭合回路的单位外法线向量，与初始线积分路径 Γ 上
　　　　的外法线方向 n_i 恰好相反；

　　　q——权函数。

q 取值满足下面的等式：

$$q = \begin{cases} 0 & \Gamma_{\text{B}} \text{ 上} \\ 1 & \Gamma \text{ 上} \end{cases}$$

(5-66)

在 Γ_{B} 与 Γ 之间的 q 值通过插值方式得到。我们暂且将式（5-65）等号右端
被积函数中方括号内的部分表示为 $[\cdot]$，然后将其进行分段积分，有：

$$H = \int_{\Gamma^-}[\cdot]m_i q \mathrm{d}\Gamma + \int_{\Gamma_C^+ + \Gamma_C^-}[\cdot]m_i q \mathrm{d}\Gamma + \int_{\Gamma_B}[\cdot]m_i q \mathrm{d}\Gamma \quad (5\text{-}67)$$

根据权函数 q 的定义，式（5-65）中第三项等于零。当 $\Gamma \to 0$ 时，第一
项恰好为 $-\mathrm{I}$。第二项表示在裂纹面上的积分，可以分解为：

$$I^C = \int_{\Gamma_C^+ + \Gamma_C^-} \left[\frac{1}{2}(\sigma_{jk}^{\text{aux}}\varepsilon_{jk} + \sigma_{jk}\varepsilon_{jk}^{\text{aux}})m_1 - m_i\sigma_{ij}^{\text{aux}}u_{j,1} - m_i\sigma_{ij}u_{j,1}^{\text{aux}} + \rho\dot{u}_j\dot{u}_j^{\text{aux}}m_1 \right] q \mathrm{d}\Gamma$$

(5-68)

在裂纹面上有 $m_1 = 0$。如果裂纹面为自由表面，即不受力，我们有：

$$t_j = m_i\sigma_{ij} = t_j^{\text{aux}} = m_i\sigma_{ij}^{\text{aux}} = 0 \quad (5\text{-}69)$$

因此，第二项也为零。由此可以得出

$$I = -\lim_{\Gamma \to 0} H$$

$$= \lim_{\Gamma \to 0} \oint_{\Gamma_0} \left[\frac{1}{2}(\sigma_{jk}^{\text{aux}}\varepsilon_{jk} + \sigma_{jk}\varepsilon_{jk}^{\text{aux}})\delta_{1i} + \rho\dot{u}_j\dot{u}_j^{\text{aux}}\delta_{1i} \right.$$

$$\left. - (\sigma_{ij}^{\text{aux}}u_{j,1} + \sigma_{ij}u_{j,1}^{\text{aux}}) \right] m_i q \mathrm{d}\Gamma \quad (5\text{-}70)$$

其次，对于二维线弹性问题，基本方程为：

$$\begin{cases} \sigma_{ij,i} - \rho\ddot{u}_j + f_j = 0 \\ \sigma_{ij} = C_{ijkl}\varepsilon_{kl} \\ \varepsilon_{ij} = (u_{i,j} + u_{j,i})/2 \end{cases} \quad (5\text{-}71)$$

接下来，对式（5-70）使用散度定理，可将线积分转化为等效的面积分

$$H = \int_A \{ [\cdot]_{,i} q + [\cdot] q_{,i} \} \mathrm{d}A \tag{5-72}$$

当 $\Gamma \to 0$ 时，积分区域 A 表示回路 Γ_B 所包围的面积。式（5-72）中等号右端的第一部分可表示为：

$$[\cdot]_{,i} = \frac{1}{2} (\sigma_{jk}^{\mathrm{aux}} \varepsilon_{jk} + \sigma_{jk} \varepsilon_{jk}^{\mathrm{aux}})_{,1} - (\sigma_{ij}^{\mathrm{aux}} u_{j,1} + \sigma_{ij} u_{j,1}^{\mathrm{aux}})_{,i} + (\rho \dot{u}_j \dot{u}_j^{\mathrm{aux}})_{,1}$$

$$\tag{5-73}$$

根据所选择辅助场的形式，有：

$$\sigma_{ij} \varepsilon_{ij}^{\mathrm{aux}} = C_{ijkl}(x) \varepsilon_{kl} \varepsilon_{ij}^{\mathrm{aux}} = \varepsilon_{kl} \sigma_{kl}^{\mathrm{aux}} \tag{5-74}$$

此时，式（5-73）可以表示为：

$$[\cdot]_{,i} = \sigma_{ij,1}^{\mathrm{aux}} \varepsilon_{ij} + \sigma_{ij}^{\mathrm{aux}} \varepsilon_{ij,1} - \sigma_{ij,i}^{\mathrm{aux}} u_{j,1} - \sigma_{ij}^{\mathrm{aux}} u_{j,i1} - \sigma_{ij,i} u_{j,1}^{\mathrm{aux}}$$

$$- \sigma_{ij} u_{j,i1}^{\mathrm{aux}} + \rho \dot{u}_{j,1} \dot{u}_j^{\mathrm{aux}} + \rho \dot{u}_j \dot{u}_{j,1}^{\mathrm{aux}} + \rho_{,1} \dot{u}_j \dot{u}_j^{\mathrm{aux}} \tag{5-75}$$

另外，根据辅助应力张量的对称性（$\sigma_{ij}^{\mathrm{aux}} = \sigma_{ji}^{\mathrm{aux}}$），有：

$$\sigma_{ij}^{\mathrm{aux}} \varepsilon_{ij,1} = \sigma_{ij}^{\mathrm{aux}} \frac{1}{2} (u_{i,j} + u_{j,i})_{,1} = \frac{1}{2} \sigma_{ij}^{\mathrm{aux}} (u_{i,j1} + u_{j,i1}) = \sigma_{ij}^{\mathrm{aux}} u_{j,i1}$$

$$\tag{5-76}$$

式（5-75）中第二项与第四项相互抵消。若不计体力，再根据式（5-71），有：

$$[\cdot]_{,i} = \sigma_{ij,1}^{\mathrm{aux}} \varepsilon_{ij} - \sigma_{ij,i}^{\mathrm{aux}} u_{j,1} - \rho \ddot{u}_j u_{j,1}^{\mathrm{aux}} - \sigma_{ij} u_{j,i1}^{\mathrm{aux}}$$

$$+ \rho \dot{u}_{j,1} \dot{u}_j^{\mathrm{aux}} + \rho \dot{u}_j \dot{u}_{j,1}^{\mathrm{aux}} + \rho_{,1} \dot{u}_j \dot{u}_j^{\mathrm{aux}} \tag{5-77}$$

类似于第 2 章中的推导，将式（5-77）中的第一项与第四项合并，可得：

$$[\cdot]_{,i} = \sigma_{ij} (S_{ijkl}(x) - S_{ijkl}^{\mathrm{tip}}) \sigma_{kl,1}^{\mathrm{aux}} - \sigma_{ij,i}^{\mathrm{aux}} u_{j,1} - \rho \ddot{u}_j u_{j,1}^{\mathrm{aux}}$$

$$+ \rho \dot{u}_{j,1} \dot{u}_j^{\mathrm{aux}} + \rho \dot{u}_j \dot{u}_{j,1}^{\mathrm{aux}} + \rho_{,1} \dot{u}_j \dot{u}_j^{\mathrm{aux}} \tag{5-78}$$

最后，将式（5-78）代入式（5-72），并根据式（5-74）对被积函数进行处理，得到面积分形式的相互作用积分表达式为：

$$I = \int_A [\sigma_{ij} (S_{ijkl}^{\mathrm{tip}} - S_{ijkl}(x)) \sigma_{kl,1}^{\mathrm{aux}} + \sigma_{ij,i}^{\mathrm{aux}} u_{j,1} + \rho \ddot{u}_j u_{j,1}^{\mathrm{aux}}$$

$$- \rho \dot{u}_{j,1} \dot{u}_j^{\mathrm{aux}} - \rho \dot{u}_j \dot{u}_{j,1}^{\mathrm{aux}} - \rho_{,1} \dot{u}_j \dot{u}_j^{\mathrm{aux}}] q \, \mathrm{d}A - \int_A [(\sigma_{jk}^{\mathrm{aux}} u_{j,k}$$

$$+\rho\dot{u}_j\dot{u}_j^{\,\text{aux}})\delta_{1i} - (\sigma_{ij}^{\,\text{aux}}u_{j,1} + \sigma_{ij}u_{j,1}^{\,\text{aux}})]q_{,i}\,\mathrm{d}A \qquad (5\text{-}79)$$

接下来，讨论相互作用积分路径包含材料界面时的情况，仍与第 2 章中的推导过程相对应。首先假设积分区域被一任意曲线界面所分割，如图 5-2 所示，定义这个材料界面为 $\Gamma_{\text{interface}}$。当 $\Gamma\to 0$ 时整个积分域 A 被分为两个完整部分 A_1 和 A_2，且材料属性不同。将包围 A_1 和 A_2 的闭合回路分别定义为 Γ_{01} 和 Γ_{02}，其中 $\Gamma_{01}=\Gamma_{11}+\Gamma_{\text{interface}}+\Gamma_{13}+\Gamma_c^{+}+\Gamma^{-}+\Gamma_c^{-}$，$\Gamma_{02}=\Gamma_{12}+\Gamma_{\text{interface}}^{-}$。为了构造上述两个闭合回路上的相互作用积分，定义一个沿界面的线积分为：

$$I_{\text{interface}}^{*} = \int_{\Gamma_{\text{interface}}} P_{1i}^{(1)}m_i q\,\mathrm{d}\Gamma + \int_{\Gamma_{\text{interface}}^{-}} P_{1i}^{(2)}m_i q\,\mathrm{d}\Gamma$$

$$= \int_{\Gamma_{\text{interface}}} (P_{1i}^{(1)} - P_{1i}^{(2)})m_i q\,\mathrm{d}\Gamma \qquad (5\text{-}80)$$

此时，根据式（5-74）的定义，可得到：

$$P_{1i} = \sigma_{jk}^{\,\text{aux}}\varepsilon_{jk}\delta_{1i} - \sigma_{ij}u_{j,1}^{\,\text{aux}} - \sigma_{ij}^{\,\text{aux}}u_{j,1} + \rho\dot{u}_j\dot{u}_j^{\,\text{aux}}\delta_{1i} \qquad (5\text{-}81)$$

张量 P_{1i} 的上标（1）和（2）分别表示位于区域 A_1 和 A_2，即取其各自的材料属性。此时，将相互作用积分表示为：

$$I = -\lim_{\Gamma\to 0}\oint_{\Gamma_0} P_{1i}m_i q\,\mathrm{d}\Gamma$$

$$= -\left(\lim_{\Gamma\to 0}\oint_{\Gamma_0} P_{1i}m_i q\,\mathrm{d}\Gamma + \oint_{\Gamma_{\text{interface}}} P_{1i}^{(1)}m_i q\,\mathrm{d}\Gamma + \oint_{\Gamma_{\text{interface}}^{-}} P_{1i}^{(2)}m_i q\,\mathrm{d}\Gamma\right) + I_{\text{interface}}^{*}$$

$$= -\lim_{\Gamma\to 0}\oint_{\Gamma_{01}} P_{1i}m_i q\,\mathrm{d}\Gamma - \oint_{\Gamma_{02}} P_{1i}m_i q\,\mathrm{d}\Gamma + I_{\text{interface}}^{*} \qquad (5\text{-}82)$$

由于被积函数相同，只是材料属性不同，对合并后的上式前两项使用散度定理，可以得到与之前一致的相互作用积分表达式。当积分区域包含材料界面时，多出的项恰好为 $I_{\text{interface}}^{*}$，下面来讨论这个界面积分。为了方便计算及相关问题的阐述，在设定的曲线坐标系中进行求解。

如图 5-4 所示，平面内有一的材料界面 $\Gamma_{\text{interface}}$ 和一点 p，定义其正交的曲线坐标为 (ξ_1,ξ_2)。定义点 q 为曲线上距离点 p 最近的点，且 p 和 q 的整体坐标分别为 (x_1,x_2) 和 (x_{10},x_{20})。这时，p 点的曲线坐标可以表示为：

$$\xi_1 = \sqrt{(x_1-x_{10})^2 + (x_2-x_{20})^2} = r,\ \xi_2 = \int_0^q \mathrm{d}l \qquad (5\text{-}83)$$

$$\frac{\partial \xi_1}{\partial x_1} = \cos\alpha = m_1, \frac{\partial \xi_1}{\partial x_2} = \sin\alpha = m_2 \qquad (5\text{-}84)$$

式中 m——界面上过 q 点的单位外法线向量。

此时，点 p 的曲线坐标和整体坐标存在如式（5-84）的关系。

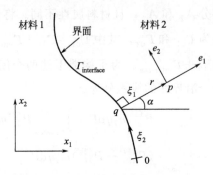

图 5-4 基于材料界面的曲线坐标系

根据假设的辅助场形式，可以发现辅助应力、辅助位移以及它们的导数在界面上皆连续，即在界面的两侧，上述三项是相等的。此时有：

$$I^*_{\text{interface}} = \int_{\Gamma_{\text{interface}}} \left[\sigma^{\text{aux}}_{jk} (\varepsilon^{(1)}_{jk} - \varepsilon^{(2)}_{jk}) \delta_{1i} - u^{\text{aux}}_{j,1} (\sigma^{(1)}_{ij} - \sigma^{(2)}_{ij}) \right.$$
$$\left. - \sigma^{\text{aux}}_{ij} (u^{(1)}_{j,1} - u^{(2)}_{j,1}) + (\rho^{(1)} \dot{u}^{(1)}_j - \rho^{(2)} \dot{u}^{(2)}_j) \dot{u}^{\text{aux}}_j \delta_{1i} \right] m_i q \, \mathrm{d}\Gamma$$

$$(5\text{-}85)$$

假定界面粘接完好且处于平衡状态，此时真实场应满足下列等式：

$$m_i \sigma^{(1)}_{ij} = m_i \sigma^{(2)}_{ij} \qquad (5\text{-}86)$$

$$\left(\frac{\partial u_i}{\partial \xi_2} \right)^{(1)} = \left(\frac{\partial u_i}{\partial \xi_2} \right)^{(2)} \qquad (5\text{-}87)$$

$$\dot{u}^{(1)}_j = \dot{u}^{(2)}_j \qquad (5\text{-}88)$$

将式（5-85）等号右端的式子进行分解，其中第一项可以表示为：

$$I^*_1 = \sigma^{\text{aux}}_{ij} (\varepsilon^{(1)}_{ij} - \varepsilon^{(2)}_{ij}) m_1 = \sigma^{\text{aux}}_{ij} (u^{(1)}_{i,j} - u^{(2)}_{i,j}) m_1$$
$$= \sigma^{\text{aux}}_{ij} \left[\left(\frac{\partial u_i}{\partial x_j} \right)^{(1)} - \left(\frac{\partial u_i}{\partial x_j} \right)^{(2)} \right] m_1$$
$$= \sigma^{\text{aux}}_{ij} \left[\left(\frac{\partial u_i}{\partial \xi_k} \right)^{(1)} - \left(\frac{\partial u_i}{\partial \xi_k} \right)^{(2)} \right] \frac{\partial \xi_k}{\partial x_j} m_1$$
$$= \sigma^{\text{aux}}_{ij} \left[\left(\frac{\partial u_i}{\partial \xi_1} \right)^{(1)} - \left(\frac{\partial u_i}{\partial \xi_1} \right)^{(2)} \right] \frac{\partial \xi_1}{\partial x_j} m_1$$

$$+ \sigma_{ij}^{\text{aux}} \left[\left(\frac{\partial u_i}{\partial \xi_2} \right)^{(1)} - \left(\frac{\partial u_i}{\partial \xi_2} \right)^{(2)} \right] \frac{\partial \xi_2}{\partial x_j} m_1$$

$$= \sigma_{ij}^{\text{aux}} m_j \left[\left(\frac{\partial u_i}{\partial \xi_1} \right)^{(1)} - \left(\frac{\partial u_i}{\partial \xi_1} \right)^{(2)} \right] m_1 \qquad (5\text{-}89)$$

需要说明的是，式（5-87）表示界面两侧的位移对曲线坐标 ξ_2 的导数相等，这意味着界面始终没有错开。式（5-89）为式（5-85）右端被积函数的第一项经过恒等变换后的表达式。根据式（5-86），界面积分第二项可表示为：

$$I_2^* = m_i (\sigma_{ij}^{(1)} - \sigma_{ij}^{(2)}) u_{j,1}^{\text{aux}} = 0 \qquad (5\text{-}90)$$

由式（5-88）及应力对称性，界面积分第三项可表示为：

$$I_3^* = m_i \sigma_{ij}^{\text{aux}} \left[\left(\frac{\partial u_j}{\partial x_1} \right)^{(1)} - \left(\frac{\partial u_j}{\partial x_1} \right)^{(2)} \right]$$

$$= m_i \sigma_{ij}^{\text{aux}} \left[\left(\frac{\partial u_j}{\partial \xi_k} \right)^{(1)} - \left(\frac{\partial u_j}{\partial \xi_k} \right)^{(2)} \right] \frac{\partial \xi_k}{\partial x_1}$$

$$= m_i \sigma_{ij}^{\text{aux}} \left[\left(\frac{\partial u_j}{\partial \xi_1} \right)^{(1)} - \left(\frac{\partial u_j}{\partial \xi_1} \right)^{(2)} \right] \frac{\partial \xi_1}{\partial x_1} + 0$$

$$= \sigma_{ij}^{\text{aux}} m_i \left[\left(\frac{\partial u_j}{\partial \xi_1} \right)^{(1)} - \left(\frac{\partial u_j}{\partial \xi_1} \right)^{(2)} \right] m_1 \qquad (5\text{-}91)$$

界面积分第四项可表示为：

$$I_4^* = (\rho^{(1)} \dot{u}_j^{(1)} - \rho^{(2)} \dot{u}_j^{(2)}) \dot{u}_j^{\text{aux}} m_1 = (\rho^{(1)} - \rho^{(2)}) \dot{u}_j \dot{u}_j^{\text{aux}} m_1 \qquad (5\text{-}92)$$

从上述推导可以发现，选择不兼容形式的辅助场，且辅助场和真实场存在相同的应力-应变关系时，界面积分的第一项和第三项完全相等，恰好互相抵消。如果两种材料的密度相同，则第四项也可以被消掉，使得界面上的相互作用积分为零。也就是说，当所求积分区域中包含材料界面且两种材料密度相同时，式（5-79）的相互作用积分仍然有效。需要强调的是，以上推导成立的前提是裂纹尖端与界面存在一定的距离，因为当裂尖非常接近界面时裂尖场的奇异性可能会发生改变。下面讨论动载荷情况下辅助场的选择及裂尖动应力强度因子的提取。一个运动裂纹尖端奇异应力场函数的极坐标表达式为：

$$\sigma_{11} = \frac{K_{\text{I}} B_{\text{I}}}{\sqrt{2\pi}} \left[(1 + 2\beta_1^2 - \beta_2^2) \frac{\cos(\theta_1 / 2)}{\sqrt{r_1}} \right.$$

$$- \frac{4\beta_1\beta_2}{(1+\beta_2^2)} \frac{\cos(\theta_2/2)}{\sqrt{r_2}} \Bigg] + \frac{K_{\mathrm{II}} B_{\mathrm{II}}}{\sqrt{2\pi}} \Big[-(1+2\beta_1^2-\beta_2^2)$$

$$\times \frac{\sin(\theta_1/2)}{\sqrt{r_1}} + (1+\beta_2^2) \frac{\sin(\theta_1/2)}{\sqrt{r_2}} \Bigg] \tag{5-93}$$

$$\sigma_{22} = \frac{K_{\mathrm{I}} B_{\mathrm{I}}}{\sqrt{2\pi}} \left[-(1+\beta_2^2) \frac{\cos(\theta_1/2)}{\sqrt{r_1}} + \frac{4\beta_1\beta_2}{(1+\beta_2^2)} \frac{\cos(\theta_2/2)}{\sqrt{r_2}} \right]$$

$$+ \frac{K_{\mathrm{II}} B_{\mathrm{II}}}{\sqrt{2\pi}} \left[(1+\beta_2^2) \frac{\sin(\theta_1/2)}{\sqrt{r_1}} - (1+\beta_2^2) \frac{\sin(\theta_1/2)}{\sqrt{r_2}} \right]$$

$$\tag{5-94}$$

$$\sigma_{12} = \frac{K_{\mathrm{I}} B_{\mathrm{I}}}{\sqrt{2\pi}} \left[2\beta_1 \frac{\sin(\theta_1/2)}{\sqrt{r_1}} - 2\beta_1 \frac{\sin(\theta_2/2)}{\sqrt{r_2}} \right]$$

$$+ \frac{K_{\mathrm{II}} B_{\mathrm{II}}}{\sqrt{2\pi}} \left[2\beta_1 \frac{\cos(\theta_1/2)}{\sqrt{r_1}} - \frac{(1+\beta_2^2)}{2\beta_2} \frac{\cos(\theta_1/2)}{\sqrt{r_2}} \right] \tag{5-95}$$

其中

$$\begin{cases} \beta_i = \sqrt{1-(\dot{a}/c_i)^2}, B_{\mathrm{I}} = (1+\beta_2^2)/D, B_{\mathrm{II}} = 2\beta_2/D \\ D = 4\beta_1\beta_2 - (1+\beta_2^2)^2 \\ r_i = r\sqrt{1-(\dot{a}/c_i)^2\sin^2\theta}, \tan\theta_i = \beta_i\tan\theta \end{cases} \tag{5-96}$$

式中 $\dot{a}$——裂尖运动速度，如果 $\dot{a}=0$，则式（5-93）～式（5-95）就退回到准静态裂尖对应的应力场表达式。即在动载荷情况下裂尖奇异性未发生改变，动应力强度因子和静应力强度因子之间存在如下关系：

$$K(t) = k(\dot{a})K(0) \tag{5-97}$$

式中 $k(\dot{a})$——以裂尖速度为自变量的函数。

这里，如果定义辅助速度场 $\dot{u}^{\mathrm{aux}}=0$，即使界面两侧的材料密度不同时也有 $I_{\mathrm{interface}}^*=0$，则式（5-79）的相互作用积分可以简化为：

$$I = \int_A \left[\sigma_{ij} (S_{ijkl}^{\mathrm{tip}} - S_{ijkl}(x)) \sigma_{kl,1}^{\mathrm{aux}} + \rho\ddot{u}_j u_{j,1}^{\mathrm{aux}} \right] q \,\mathrm{d}A$$

$$- \int_A \left[\sigma_{jk}^{\mathrm{aux}} u_{j,k}\delta_{1i} - (\sigma_{ij}^{\mathrm{aux}} u_{j,1} + \sigma_{ij} u_{j,1}^{\mathrm{aux}}) \right] q_{,i} \,\mathrm{d}A \tag{5-98}$$

与 Réthoré 等给出的相互作用积分表达式相比，式（5-79）更为简洁且不需要对材料属性求导，放松了对材料属性的要求。另外，当相互作用积分区域包含材料界面时该积分仍然可以应用。

对于平面应变问题，根据 Irwin's 关系，有：

$$I = \frac{2(1-\nu^2)}{E}(f_1(\dot{a})K_{\text{I}}^{\text{dyn}}K_{\text{I}}^{\text{aux}} + f_2(\dot{a})K_{\text{II}}^{\text{dyn}}K_{\text{II}}^{\text{aux}}) \quad (5\text{-}99)$$

$$\begin{cases} f_1(\dot{a}) = \dfrac{4\beta_1(1-\beta_2^2)}{(\kappa+1)D(\dot{a})}, f_2(\dot{a}) = \dfrac{4\beta_2(1-\beta_2^2)}{(\kappa+1)D(\dot{a})} \\ \beta_i = \sqrt{1 - \left(\dfrac{\dot{a}}{c_i}\right)^2}, D(\dot{a}) = 4\beta_1\beta_2 - (1+\beta_2^2)^2 \end{cases} \quad (5\text{-}100)$$

式中　$K_{\text{I}}^{\text{aux}}$、$K_{\text{II}}^{\text{aux}}$——辅助场对应的应力强度因子；

　　　f_i——一个关于裂尖速度的广义函数；

　　　c_1，c_2——压缩和剪切波波速（二维时，c_i 中 i 取 1、2）；

　　　κ——材料常数。

最后，由式（5-79）可以方便地分离并求得混合型应力强度因子。

在模拟裂纹动态扩展时需不断地重新划分网格，并设置裂尖附近的网格形状一直保持不变。采用改进的 Delaunay 网格自动划分方法，避免了畸形单元的产生，从而能够精确地求解裂纹的快速扩展问题。本章借鉴了这一思想，但与上述方法并不相同。

如图 5-5 所示，将裂尖所在单元及其周围的 25 个规则单元所占据的区域重新划分网格，而细化网格只占用了其中 9 个规则单元的区域（虚线所包围的部分）。计算中固定形状的细化网格跟随裂尖一起运动。仍将细化的网格覆盖在原来规则网格之上，且在二者交界处共用节点，即在模拟时该区域只有细化的网格起作用。上述处理起到了和移动有限元法几乎相同的效果，但却降低了网格划分的难度。更重要的是使得裂纹独立于有限元网格，从而能够更加方便地模拟裂纹动态扩展。

纽马克法是一种隐式方法，在求解当前时刻的基本场时需要已知前一时刻的基本场，包括位移、速度和加速度场。本章所采用的方法和移动有限元法类似，在不同的时间步局部网格会发生变化。因此，需要通过插值的方法求得上一个时间步时新节点对应的基本场。根据裂尖局部网格替代扩展有限元法的特点，映射方法如下：

① 对于位置和特征都没有改变的节点，沿用上一时刻的自由度值。

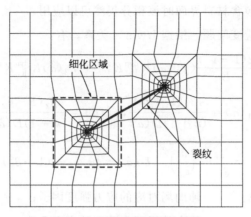

图 5-5 运动裂尖附近的网格

对于新产生的需增强的节点，其包含的真实节点自由度仍沿用上一时刻值，将引入的新的虚拟自由度赋值为 0。

② 对于当前时刻细化区域内的节点，包括普通节点和增强节点，其前一时刻的自由度值都需要重新计算。由于计算得到的为该节点在前一时刻的真实自由度，故将当前时刻的增强节点包含的虚拟自由度都赋为 0。

③ 如果当前时刻的节点在前一时刻位于细化区域内，也需重新计算。

④ 如果细化区域与颗粒发生交叠，或者对应的特征改变的节点也需要重新计算。

本章将准静态的应力强度因子延伸至弹性动力学，并将其作为描述动态裂纹扩展的准则。如果材料是脆性的，环向应力强度因子可以表示为：

$$k_{\theta\theta} = \lim_{r \to 0} \sqrt{2\pi r}\, \sigma_{\theta\theta} \tag{5-101}$$

式中 (r, θ)——裂尖局部极坐标。

最大环向应力强度因子及对应的局部极角为：

$$K^* = \max_{\theta \in [-\pi,\pi]} k_{\theta\theta} = k_{\theta^*\theta^*} \tag{5-102}$$

当最大环向应力强度因子始终小于临界值时，裂纹不会发生失稳扩展。这个临界值即为动态裂纹起裂韧性（K_{1d}）。但当 K^* 达到这个值时，裂纹开始扩展，断裂准则可以表示为：

$$\begin{cases} K^* < K_{1d} \\ K^* = K_{1d}, \theta^* = \theta_c \text{（起裂）} \end{cases} \tag{5-103}$$

式中　θ_c——扩展角。

动态起裂韧性是一个材料参数，必须通过实验确定。实验所测值可能会依赖于温度及加载速率等。裂纹起裂之后进入扩展阶段，此时适用的断裂准则也将发生相应的变化。在裂纹动态扩展过程中，瞬时的最大环向应力强度因子仍保持与动态裂纹扩展韧性 K_{1D} 相等，而 K_{1D} 依赖于裂尖运动的速度 $\dot{a}$。扩展准则可以表示为：

$$K^*(t,\dot{a}) \geqslant K_{1d} \Rightarrow K^*(t,\dot{a}) = K_{1D}(\dot{a}) \tag{5-104}$$

在本章的模拟中，暂不考虑温度和加载速率对动态断裂韧性的影响。另外，在计算裂尖速度时必须用到 K_{1D}，本章采用了经验公式：

$$K_{1D}(\dot{a}) = \frac{K_{1d}}{1 - \left(\dfrac{\dot{a}}{c_R}\right)} \tag{5-105}$$

式(5-105)描述了动态裂纹起裂韧性、动态裂纹扩展韧性及裂尖速度之间的关系，其中 c_R 表示 Rayleigh 波速，它是裂纹在均匀介质中扩展时的理论速度上限。有研究表明，当裂纹即将发生止裂时动态裂纹扩展韧性并没有趋近于起裂韧性，因此必须定义附加的止裂韧性，但本章的模拟中并没有考虑这一点。裂纹起裂之后，裂尖速度通过式(5-106)求得

$$\dot{a} = \left(1 - \frac{K_{1d}}{K^*}\right) \cdot c_R \tag{5-106}$$

整个求解过程为

$$(K_I^{dyn}, K_{II}^{dyn}) \rightarrow \theta^* \rightarrow K^* \rightarrow \dot{a} \rightarrow (K_I^{dyn}, K_{II}^{dyn}) \tag{5-107}$$

上述过程为一典型的非线性问题，需要通过迭代方法进行求解。为了加快收敛速度，本章采用了二分法，过程如下：

① 若在当前时刻式（5-103）的起裂条件被满足，则设定任意一个小于 Rayleigh 波速的初始速度 c_0；

② 将此速度代入式（5-99）求得动态应力强度因子；

③ 根据最大环向应力准则计算裂纹扩展角；

④ 将以上计算所得的值引入速度迭代部分重新计算 c 和 K^*，并设置一定的容限（本书程序中设置 $|(c_n-c_{n-1})/c_n|>0.01$），当结果满足这一条件时迭代终止，从而确定所求的裂尖速度和最大环向应力强度因子。

至此，给出了完整的模拟动载荷作用下裂纹快速扩展的方法。

需要说明的是，材料或结构中裂纹动态扩展过程的模拟是非常棘手的力学难题。如果惯性力影响显著，必须将其考虑进运动方程中。断裂动力学包括载荷和裂纹尺寸迅速变化的所有断裂力学问题，一切涉及裂纹快速起裂、扩展和止裂的与时间有关的边值问题均属断裂动力学的范畴。是否考虑惯性力可以通过考察动能所占内能的比重，若动能与应变能为同一量级，且所占内能的比重不可忽略，则为动态问题。对于裂纹起裂进行研究的目的是为了寻找起裂的原因。而对于裂纹扩展和止裂的研究是在不能阻止裂纹起裂的情况下，寻找避免裂纹扩展引起灾难性事故的补救措施，是一个过程而非一个点，它与裂纹起裂的最主要区别是裂纹尺寸是一个新的随时间变化的未知函数。由于扩展裂纹形成结构的位移边界条件，即使控制方程是线性的，运动边界问题也是非线性的。因为增加了时间变量，使平衡方程成为动量方程。由于材料的惯性，载荷是以应力波的形式传播，而裂纹扩展形成了新的自由边界，应力波与裂纹的相互作用，使得动态比准静态断裂问题复杂得多。如平行于裂纹方向的准静态拉伸载荷并不产生裂纹尖端的应力集中，而同一方向的拉应力脉冲传到裂纹尖端时，由于横向惯性效应，裂纹尖端将处于 Ⅰ 型受力状态而起裂。此外，材料的动态断裂韧度与加载速率有关。裂纹尖端附近的高应力梯度、载荷的应力波形式和裂纹的快速扩展，增加了动态断裂问题的分析和实验的难度。在强动载荷下裂纹的动态扩展、分叉以及材料或结构的破碎过程模拟也是当前计算固体力学领域的研究热点和难点。国内外计算固体力学研究人员正在为突破这一学科瓶颈而不懈地努力。

第 6 章　LMR-XFEM在线弹性断裂力学中的应用

从断裂力学的研究背景来看，其主要目的是解决工程问题，为国民经济建设服务，为国防建设服务。断裂是与力学、材料和工程应用等相关的问题。从材料设计和使用角度考虑存在如下问题：

① 多小的裂纹或缺陷是允许存在的，即此小裂纹或缺陷不会在预定的服役期间发展成断裂时的大裂纹。

② 多大的裂纹就可能发生断裂，需要用什么判据来判断断裂发生的时间。

③ 从允许存在的小裂纹扩展到断裂时的大裂纹需要多长时间，即机械结构的寿命如何估算，这就需要进行裂纹扩展率的测试，以及研究影响裂纹扩展率的因素。

④ 在既能保证安全又能避免停产损失，探伤检查周期应如何安排。

⑤ 一旦发现裂纹该如何处理。

⑥ 什么材料比较不容易萌生裂纹，什么材料抵抗裂纹扩展的能力比较好等。这其中有关强度和韧性难以兼顾的问题一直是断裂力学、固体力学研究的焦点。

结合笔者以往的研究，本章将给出大量的采用 LMR-XFEM 计算的工程实例，为解决相关工程问题提供一种新的思路。

6.1 准静态断裂问题

相互作用积分的路径无关性已经得到验证。另外，LMR-XFEM 只引入了绝对值增强函数和阶跃增强函数，该方法的收敛速度接近于传统有限元法。但网格划分难度较有限元法大大降低。为了验证该方法的精度，给出两个典型算例，在计算中均假设为平面应变状态。规则的网格采用四边形八节点的二次单元。为了准确描述裂尖场的特性，裂尖周围采用三角形六节点奇异单元，如图 6-1 所示。其中编号为 5 和 7 的中间节点均位于单元边长的 1/4 处。

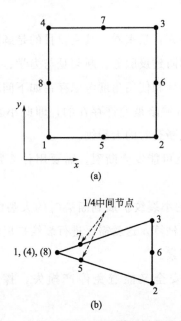

图 6-1 全局坐标系下定义的两种类型单元

6.1.1 拉伸载荷作用下含边裂纹的方板

如图 6-2(a) 所示，一个长度为 L、宽度为 D 的方板，其内部含有一长度为 a 的边裂纹。板的上、下边界受到单向的均布拉伸载荷 σ 作用，且 $\sigma = \sigma_0$。

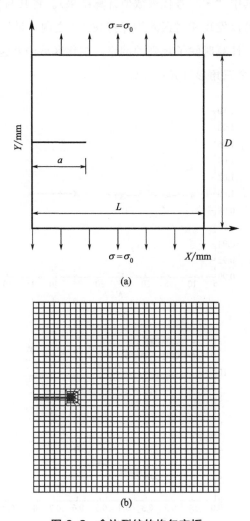

图 6-2　含边裂纹的均匀方板

　　上述问题的解析解可以从 Civelek 等[1] 的工作中找到。由于求解区域为方板，定义 N 为每条边所划分的单元个数。图 6-3(a) 给出了裂纹尖端无量纲化应力强度因子随网格数量的变化情况。边裂纹长度和板宽的比值为 0.2，K_{exact} 表示精确解。

　　可以发现，随着网格数量的增加数值解收敛于精确值。接着采用 $N=35$ 进行计算，网格划分形式如图 6-2(b) 所示。求得的应力强度因子均通过 $K_0 = \sigma_0 \sqrt{\pi a}$ 进行无量纲化。图 6-3(b) 给出了不同裂纹长度

裂尖局部网格替代的扩展有限元法及其应用

对应的结果（其中"＊"号代表数值计算结果）。将其与文献［1］的解析解做比较，可以发现相对误差均保持在 1％之内，证明改进后的数值方法是有效的。计算时除了规则的网格，细化区域中共包含了 108 个四边形单元和 12 个三角形奇异单元。

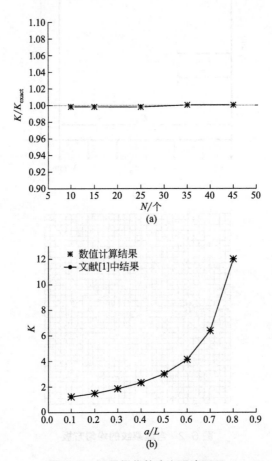

图 6-3 无量纲化的应力强度因子

6.1.2 受均布拉伸载荷方板中裂纹和夹杂间的相互作用问题

考察和验证当裂纹和夹杂同时存在时本章数值方法的精度。采用文献［2］中的模型，如图 6-4 所示。一个长度为 L、宽度为 D 的方板，其左、右两边受到均布的单向拉伸载荷作用。在板的中心位置含一半径

为 r 的圆形夹杂，夹杂上方含一垂直于坐标轴 x 的内部裂纹。为了考察裂纹位置变化时夹杂对裂尖断裂参数的影响，将坐标系的原点设置于颗粒中心，并定义裂纹中心的坐标为 (x_0, y_0)。计算采用的数据为：$\sigma = \sigma_0 = 1\text{MPa}$ ；$E_p/E_m = 22.148148$ ，其中下标 p 和 m 分别表示颗粒和基体；$\nu_p = 0.3$ ；$\nu_m = 0.35$；$r/2a = 1$ ，其中 a 为裂纹半长；$a/L = 0.01$ ；$L = D = 100\text{mm}$。另外，上、下两个裂尖处的应力强度因子均通过 $K_0 = \sigma_0 \sqrt{\pi a}$ 进行无量纲化。

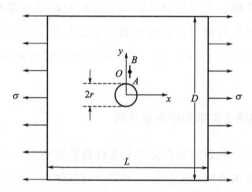

图6-4　受拉伸载荷方板中裂纹和颗粒的相互作用

计算得到的不同裂纹位置对应的裂尖混合型应力强度因子如表6-1和表6-2所列。表中同时列出了文献［2］应用边界元法求得的结果以及文献［3］应用解析法获得的结果。

表6-1　裂纹尖端 A 对应的无量纲化应力强度因子

$\left(\dfrac{x_0}{r}, \dfrac{y_0}{r}\right)$	$K_{\mathrm{I}}(A)$			$K_{\mathrm{II}}(A)$		
	数值结果	文献［36］	文献［5］	数值结果	文献［36］	文献［5］
(0.5,1.5)	0.6149	0.614	0.613	0.0586	0.055	0.061
(0.5,1.75)	0.7584	0.752	0.750	−0.0424	−0.043	−0.041
(0.5,2)	0.8342	0.835	0.834	−0.0625	−0.062	−0.062
(0.5,3)	0.956	0.956	0.956	−0.0349	−0.034	−0.035

表 6-2　裂纹尖端 B 对应的无量纲化应力强度因子

$\left(\dfrac{x_0}{r}, \dfrac{y_0}{r}\right)$	$K_{\mathrm{I}}(B)$			$K_{\mathrm{II}}(B)$		
	数值结果	文献 [36]	文献 [5]	数值结果	文献 [36]	文献 [5]
(0.5, 1.5)	0.815	0.817	0.817	0.0673	0.067	0.067
(0.5, 1.75)	0.8758	0.878	0.878	−0.0613	−0.062	−0.062
(0.5, 2)	0.9133	0.916	0.915	−0.0516	−0.052	−0.052
(0.5, 3)	0.9725	0.972	0.973	−0.0231	−0.024	−0.024

通过比较发现，Ⅰ型应力强度因子的相对误差均保持在 2% 以下，Ⅱ型应力强度因子的相对误差仅当裂纹中心位于 (0.5, 3) 时在 4% 以下，其余均保持在 2% 以内。进一步证明当裂尖靠近夹杂时本章的方法亦是有效的。

6.1.3　裂纹和单个夹杂间的相互作用

作为增强相，夹杂的形态会对复合材料整体的力学性能产生重要影响。已有研究结果表明，夹杂特征不同，对基体产生的约束及二者间载荷传递的效率便不同，从而使得材料的强度和刚度产生明显的差别。当夹杂形状不规则且包含尖角时，在尖角处会存在较强的应力集中，很容易产生孔穴，继而成核并导致材料的破坏。另外，夹杂（颗粒）团簇也会使得局部应力过大或失效应变降低而引起复合材料的破坏。本章在计算含夹杂问题时均是针对颗粒增强复合材料，所以为了描述方便，后面统称为颗粒与裂纹的相互作用。

一个长度为 L、宽度为 D 的方板，板的上端受到均布的单向拉伸载荷 σ 作用，下端约束如图 6-5 所示。板内部含一长度为 $2a$ 的水平中心裂纹。在裂纹右侧有一半径为 R 的圆形颗粒，其中心位于裂纹延长线上。计算中所采用的数据为：$L = D = 100\mathrm{mm}$；$a/L = 0.01$；$R/L = 0.02$；$\sigma = \sigma_0 = 1\mathrm{MPa}$；$\nu = 0.35$。保持裂纹位置不变，水平移动圆形颗粒，旨在考察单个颗粒位置及颗粒与基体模量比对裂尖应力强度因子的影响。

根据给定的载荷及边界条件可以看出，中心裂纹右尖端Ⅱ型应力强

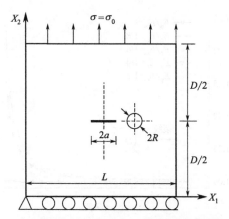

图 6-5　拉伸载荷作用下含中心裂纹和圆形颗粒的方板

度因子 K_{II} 趋近于零。因此，本节只考察 I 型无量纲化应力强度因子，K_I/K_0，其中 K_0 表示求解域内不含颗粒时裂尖无量纲化应力强度因子。二者的比值恰好能够反映颗粒存在对裂尖断裂参数的影响。应用 LMR-XFEM，分别计算了不同颗粒-基体模量比以及不同颗粒位置对应的裂尖无量纲化应力强度因子，并考虑了颗粒的弹性模量大于和小于基体两种情况（泊松比取值相同）。计算结果如图 6-6 和图 6-7 所示，其中横坐标均为裂纹右尖端到颗粒中心距离与颗粒半径的比值。

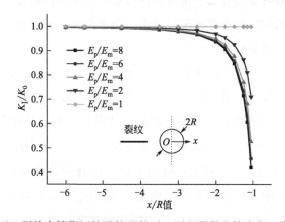

图 6-6　裂纹尖端靠近较强的颗粒时 I 型无量纲化的应力强度因子

研究表明，当裂纹右尖端靠近颗粒且颗粒的弹性模量大于基体时，无量纲化应力强度因子逐渐减小，我们称之为裂尖"钝化"现象。相反

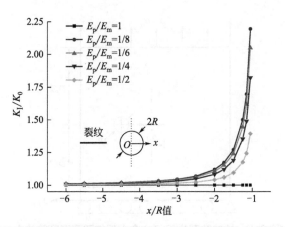

图 6-7 裂纹尖端靠近较弱的颗粒时 I 型无量纲化的应力强度因子

地，当颗粒弹性模量小于基体时，无量纲化应力强度因子逐渐增大，我们称之为裂尖"强化"现象。随着颗粒-基体模量比的增大，钝化和强化的趋势均变得更为明显。另外，在计算中颗粒位置可以任意移动，但网格无需重新划分，证明了数值方法的高效性。

颗粒增强复合材料的断裂失效模式较为复杂，尤其当裂尖靠近颗粒时扩展轨迹会产生多种可能性。本节从基体裂纹准静态扩展（假设裂尖应力场始终具有负二分之一奇异性的特点）入手进行研究。准静态过程是指任意时刻的中间态都无限接近于一个平衡态，或者是指从一个平衡状态到另一个平衡状态。

如图 6-8 所示，一长度为 L、宽度为 D 的方板上、下端均受到单向拉伸载荷 σ 作用，其左侧中部含一长度为 a 的边裂纹。在板的中心位置处存在一个半径为 r 的圆形颗粒，其圆心与裂纹面存在一定偏置，距离为 d。计算中采用的数据为：$L=D=100\text{mm}$；$r/L=0.05$；$\sigma=\sigma_0=1\text{MPa}$；$d/r=1$。首先，研究了颗粒-基体弹性模量比对基体裂纹扩展轨迹的影响，并分别考察了模量比 $E_p/E_m=0.5$ 和 $E_p/E_m=2$ 两种情况，其中下标 p 和 m 分别代表颗粒和基体。另外，假设二者具有相同的泊松比，即 $\nu_p=\nu_m=0.33$。

图 6-9(a) 给出了模拟得到的裂纹扩展轨迹，图 6-9(b) 则给出了对应的无量纲化能量释放率的变化情况。采用统一的无量纲化方式，即

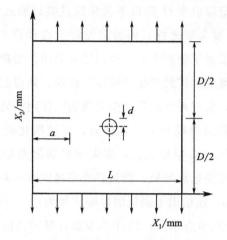

图 6-8　单个圆形颗粒对边裂纹扩展的影响

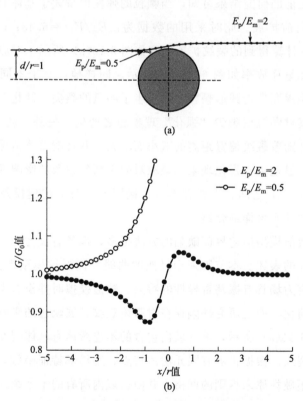

图 6-9　裂纹和单个圆形颗粒间的相互作用

将计算得到的能量释放率 G 除以不含颗粒且裂纹形式相同时的能量释放率 G_0。x 表示裂尖横坐标，因为颗粒位置在计算中始终保持不变，所以将坐标原点设置于颗粒中心。模拟结果表明，当颗粒弹性模量大于基体时，对基体裂纹的扩展产生"排斥"作用，使得基体裂纹绕过颗粒向前扩展；反之，会对裂纹扩展产生"吸引"作用。另外，当裂尖逐渐靠近颗粒，且颗粒弹性模量大于基体时，无量纲化能量释放率有所减小。当裂纹扩展越过该颗粒之后，裂尖无量纲化能量释放率又逐渐增大。最后，随着裂尖远离颗粒，能量释放率再次减小并趋于不含颗粒时的情况。图 6-9(b) 还给出了颗粒的影响区间为 $-5r \sim 5r$。上述计算中共采用了 1333 个八节点单元，12 个六节点奇异元，包含 4153 个节点。

保持颗粒大小不变，求解不同偏置距离 d 对应的基体裂纹扩展轨迹。根据之前的研究结果可知，当颗粒的弹性模量大于基体时，裂纹会绕过颗粒向前扩展。此时采用的数据为：$E_p / E_m = 6.43$；$\nu_m = 0.33$；$\nu_p = 0.17$。计算得到的裂纹扩展轨迹如图 6-10(a) 所示。对应的裂尖无量纲化的能量释放率如图 6-10(b) 所示。同样地，对于不同的偏置距离，当裂尖逐渐靠近圆形颗粒时均发生了明显的裂尖"钝化"现象；当裂纹扩展越过颗粒后裂尖"强化"现象随之产生。另外，还可以发现，两种影响都随着裂纹偏置距离的减小而增大，并且就总体情况而言，钝化现象要明显地重于强化现象。颗粒对裂尖断裂参数的影响区间仍大致保持在 $-5r \sim 5r$ 之间。当颗粒形状为椭圆时，与上述建模及计算的过程一致，此处不再详细介绍。

通过数值模型描述界面缺陷的方法很多，也各有优劣，本书绪论中曾做过详细的表述。本节则采用经典的曲线界面裂纹模型来描述缺陷，此时裂尖应力场具有振荡奇异性的特点。数值模拟时并没有考虑界面裂纹的继续演化，而是研究缺陷存在对基体裂纹扩展轨迹的影响。

如图 6-11(a) 所示，求解域内包含的不连续体有基体裂纹、颗粒界面及界面裂纹。根据扩展有限元法的特点，用局部特征函数表征不连续性，因此不破坏原来规则的网格，并使得域内所有的不连续体均独立于有限元网格。这里需要区分的是：D_1 表示被基体裂纹穿过的单元包含的节点集合；D_2 表示被界面裂纹穿过的单元包含的节点集合；D_3 表

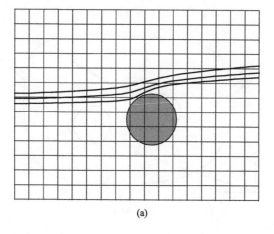

(a)

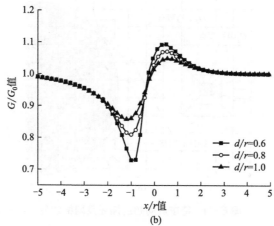

(b)

图 6-10 裂纹和单个圆形颗粒间的相互作用

示被颗粒界面穿过单元包含节点集合，如图 6-11（b）所示。意味着某些节点若属于两个或三个集合时会被重复增强。裂尖局部仍然采用细化的网格，但对于界面裂纹，将六节点三角形单元的中间节点设置于单元边长的 1/2 处。

至此，也可以得到与式（3-7）类似的位移模式，不同之处就在于某一些节点是否被重复增强。而且选择适当的数学方法可以方便地找出特殊节点并将其分类。需要注意的是，当裂纹尖端十分靠近颗粒及缺陷时应尽量选择较小的相互作用积分区域，因为如果积分区域内包含其他裂尖则会对数值结果的精度产生很大影响。

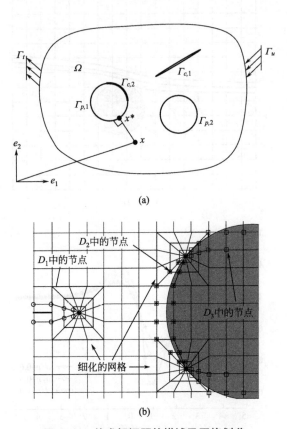

图 6-11　待求解问题的描述及网格划分

采用图 6-8 中的计算模型，但颗粒和基体并非完好粘接，而是在粘接面的左侧预置一定长度的界面裂纹，如图 6-12(a) 所示。令偏置距离为 d，并取 $d/r=0.8$，其中 r 为圆形颗粒半径。其他条件均保持不变，计算求得的裂纹扩展轨迹及无量纲化能量释放率如图 6-12(b) 所示。可以发现，缺陷对基体裂纹产生了吸引作用，使其没有绕过颗粒而是向着缺陷的方向扩展；同时，裂尖无量纲化能量释放率也得到一定程度的提高。

接下来考虑双颗粒时的情况。计算模型仍保持不变，在上方颗粒的底部预置一定长度的界面裂纹，如图 6-13(a) 所示。两个颗粒中心的间距为 s，取 $s/r=1$。模拟获得的裂纹扩展轨迹如图 6-13(a) 所示。显

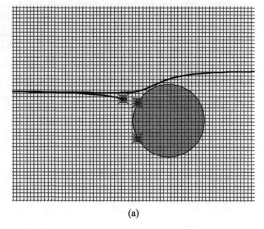

(a)

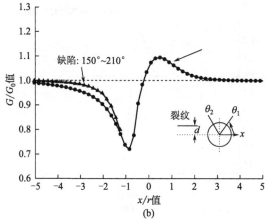

(b)

图 6-12 单颗粒情况下存在界面缺陷与界面粘接完好时数值模拟结果的比较

而易见，如果颗粒与基体间界面粘接完好，裂纹会沿着两个颗粒中间的直线向前扩展。但缺陷对其产生了一定的吸引作用，使得裂纹扩展轨迹发生偏折。由于缺陷附近的应力集中比较明显，很可能会出现应力峰值。根据最大环向应力准则可知裂纹会朝着环向应力最大的方向扩展，与本节数值模拟结果是一致的。缺陷在对基体裂纹产生吸引的同时，也会显著地提高裂尖能量释放率，如图 6-13（b）所示，这可能会导致裂纹快速扩展直至材料破坏。最后，当裂纹扩展至和施加的外载荷方向相同时裂尖能量释放率又会重新降低。结果证明了本书给出的数值方法可以有效地求解面裂纹问题。

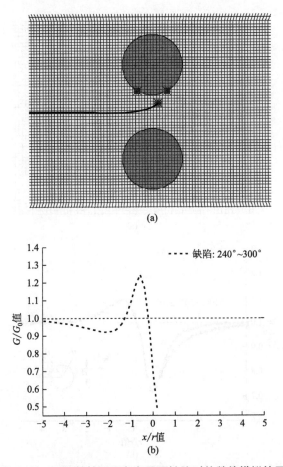

图 6-13　双颗粒情况下存在界面缺陷时的数值模拟结果

6.1.4　裂纹和两个、多个夹杂间的相互作用

6.1.4.1　裂纹与两个夹杂间的相互作用

考察与图 6-8 中所描述的一致的计算模型（材料属性也不发生变化），但此时方板内含有两个大小相等的圆形颗粒。它们对称分布在裂纹上下两侧，且圆心间的距离为 d。由于我们所研究的问题是对称的，因此 $K_{II} = 0$。颗粒与基体的弹性模量比 $E_p/E_m = 8$。保持裂纹位置不变，同时水平移动两个颗粒，计算得到的裂纹右尖端 I 型无量纲化应力强度因子如图 6-14 所示。

从图 6-14 可看出，当裂纹右尖端与双颗粒中心连线的距离等于 8～10

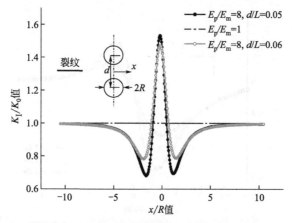

图6-14 裂纹靠近两个较强的颗粒时 I 型无量纲化的应力强度因子

倍颗粒半径时，应力强度因子几乎不受颗粒的影响，与单一基体材料时相同。当这一距离逐渐减小时，裂尖场受到颗粒的影响，无量纲化应力强度因子有减小趋势。当右裂尖位于双颗粒中间且将要到达正中间位置时，应力强度因子急剧增大。从图6-14还可以看出，双颗粒的间距越小对裂尖场的影响就越大，应力强度因子的波动就越剧烈。当基体裂纹尖端附近存在两个圆形颗粒时，颗粒分布位置及二者的间距会对裂尖局部应力场产生较大影响。首先考察两个颗粒中心横坐标相同并分别位于裂纹面上、下两侧时的情况（载荷及边界条件如图6-8所示）。此时，基体裂纹将沿着直线向前扩展。颗粒间距为 s，半径为 r，并设置 $r/L=0.05$。计算中采用 35×35 的规则四边形八节点单元，细化区域包含120个单元，保证了计算的精度。图6-15给出了不同颗粒间距对应的裂尖无量纲化能量释放率。可以发现，随着颗粒间距的减小，裂尖能量释放率的波动幅度增大。同时，由于颗粒的弹性模量大于基体，裂尖"钝化"现象仍重于裂尖"强化"现象。当两个颗粒不在一条直线上而是呈现一定的角度 α 时（颗粒间距为一个半径长度），计算得到的裂纹扩展轨迹如图6-16所示。

图6-17则给出了对应能量释放率的变化情况。可以发现，当两个颗粒呈30°且裂尖靠近第一个颗粒时，能量释放率逐渐减小。而当裂尖越过第一个颗粒时，能量释放率又显著增大，直至裂尖靠近并落在第二个颗粒上，能量释放率重新减小，这与之前得出的结论是一致的。当颗粒呈60°分布时，裂纹穿过两个颗粒向前扩展，无量纲化能量释放率呈

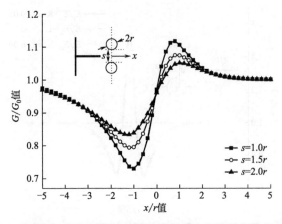

图 6-15　裂纹靠近两个半径相同的颗粒时裂尖无量纲化的能量释放率

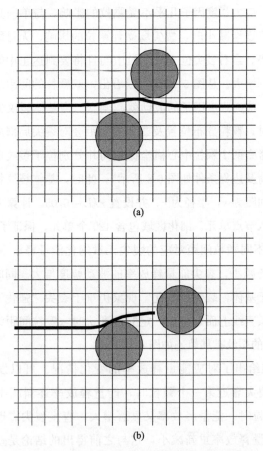

图 6-16　裂纹穿过两个半径相同颗粒时的扩展轨迹

现出可预测的波动趋势，直至回归到不含颗粒时的情况。另外，经过比较可以发现上述模拟结果与文献［4］应用边界元法得到的结果是一致的，再次证明了数值算法的有效性。

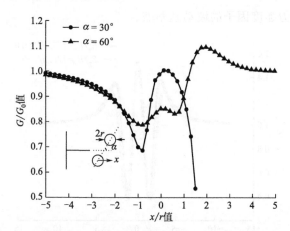

图6-17　裂尖靠近两个相同半径颗粒时的无量纲化的能量释放率

6.1.4.2　裂纹与四个夹杂间的相互作用

下面考察四个颗粒对称分布在裂纹面上、下两侧的情况，计算模型仍如图6-8所示。

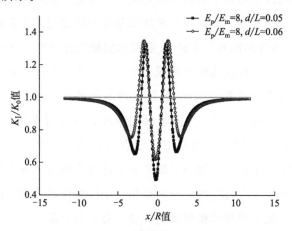

图6-18　裂纹尖端靠近四个较强的颗粒时Ⅰ型无量纲化的应力强度因子

由于左、右对称，我们仍然只给出右裂尖的应力强度因子。设定颗粒间的水平和垂直距离均为d。裂纹位置保持不变，同时水平移动四个颗粒，得到颗粒位置对应裂尖Ⅰ型无量纲化应力强度因子的影响，如

图 6-18 和图 6-19 所示。结果表明，当裂尖位于颗粒附近时，裂尖场受到很大的影响，裂尖无量纲化应力强度因子呈波动趋势。模量比 $E_p/E_m = 8$ 和 $E_p/E_m = 1/8$ 对应的变化趋势恰好相反。另外也可以看出，颗粒间距越小，应力强度因子的波动越剧烈。

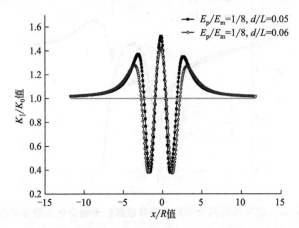

图 6-19　裂纹尖端靠近四个较弱的颗粒时 I 型无量纲化的应力强度因子

6.1.4.3　裂纹与六个夹杂间的相互作用

在实际的复合材料中颗粒往往是随机分布的，颗粒间距或者颗粒的紧凑程度也是变化的，因此我们来研究基体裂纹穿过多个颗粒时的情况（载荷及边界条件如图 6-8 所示）。假设求解域内存在六个半径相等的圆形颗粒，且其中心的连线恰好构成一个正五边形，如图 6-20 所示。

此时，可以通过改变半径 R 和倾角 θ 的值来调整颗粒分布形式。本节设置 $R = 18\text{m}$，$\theta = 30°$。为了保证精度，计算时采用 45×45 的八节点二次单元，裂尖周围仍采用六节点奇异元，结果如图 6-20 所示。可以发现，第一个颗粒就使得裂纹扩展轨迹发生偏折，继而影响到之后的发展。按照预先设计好的半径和倾角，基体裂纹成功地穿过了颗粒团簇区。对应的能量释放率也呈现出波动趋势，并且裂尖"钝化"现象明显重于裂尖"强化"现象。与之前的算例不同，这里坐标系的原点设置于中间颗粒的圆心处，x 仍表示裂尖坐标。

对于颗粒均匀分布的情况，本章延续了前面的方法，即对所有被裂纹面穿过的单元，其节点形函数均采用阶跃函数进行增强。对所有被颗

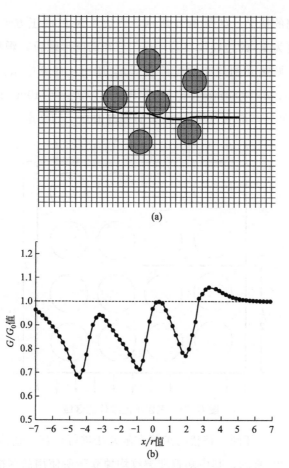

(a)

(b)

图6-20 裂纹穿过六个颗粒组成的团簇区

粒与基体界面穿过的单元，其节点形函数均采用绝对值函数进行增强。对裂尖局部则采用细化的网格。对于颗粒随机分布的情况，为了提高计算效率，仅对裂纹附近的一个或多个颗粒（视分布情况而定）所对应的节点形函数采用绝对值函数增强。对其他被颗粒与基体界面穿过的单元则通过分布较密的积分点来体现材料的非均匀性，并在形成单元刚度矩阵时，取积分点处的真实的材料属性进行计算。通过比较发现，这种方法和对所有颗粒相关节点形函数都进行增强所获得的结果非常接近，但计算时间明显缩短。

6.1.4.4 裂纹与更多个夹杂间相互作用

为了更贴近实际的材料形式，下面考察多个圆形颗粒均匀分布在整个求解域内的情况。如图 6-21 所示，一边长为 L 的正方形板，其内部含有一长度为 a_0 的边裂纹及若干均匀分布的圆形颗粒，颗粒半径为 R。板的上、下两端受到均布的拉伸载荷 σ_0 作用。计算中采用的数据为：$L=100\text{mm}$；$a_0=50\text{mm}$；$\sigma_0=1\text{MPa}$；$E_p/E_m=74000/20000$；$\nu_p=\nu_m=0.3$。另外，取 $R/L=0.09$ 来研究数值算法的稳定性。

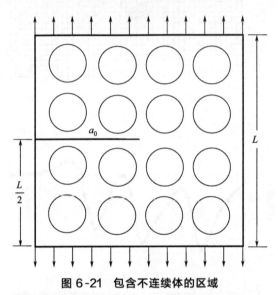

图 6-21　包含不连续体的区域

采用裂尖局部网格替代的扩展有限元法进行计算，整体的网格划分形式如图 6-22 所示，其中颗粒和裂纹均独立于所使用的网格。

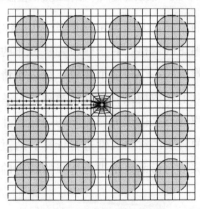

图 6-22　网格划分形式

裂纹尖端及颗粒附近高斯积分点的分布形式如图 6-23 所示。

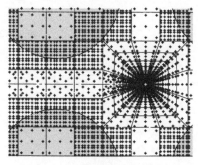

图 6-23 积分点分布方式

可以发现，对于被颗粒-基体界面所穿过的单元，并没有完全依照边界对单元进行分解。而是将单元等分并设置较密的积分点。在提取裂尖应力强度因子时，仍采用式（5-25）所示的相互作用积分，积分区域如图 6-24 所示。

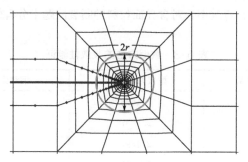

图 6-24 相互作用积分区域

6.1.4.5 考察积分区域半径 r 的大小对裂尖 I 型无量纲化应力强度因子的影响

结果如图 6-25 所示，其中 h 表示紧靠裂尖单元的边长，且细化区域的宽度约为 h 的 200 倍。图中 N 表示求解域长、宽两个方向所包含的单元个数。首先，可以发现该相互作用积分是路径无关的。另外，根据图中给出的结果可知当积分区域包含颗粒与基体间的界面时，结果亦能保持稳定。

设置载荷形式及裂纹长度不变，通过增加网格数量（共采用了 4 种网格配置）来研究本章数值方法的收敛性，结果如表 6-3 所列。可以发现，随

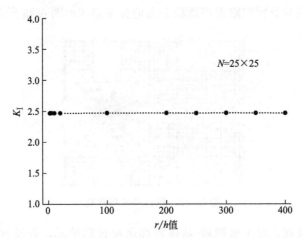

图 6-25　相互作用积分区域半径对裂尖无量纲化应力强度因子的影响

着网格密度的不断增加，计算结果收敛于稳定值。无论从网格的数量、密度还是相互作用积分区域半径验证，均可以发现 LMR-XFEM 能保证计算精度，同时提高了计算效率，对含界面材料的断裂问题十分有效。

表 6-3　数值方法的收敛性验证

XFEM 网格个数	Ⅰ型应力强度因子	相对变化比例/%
25×25	2.4698	—
35×35	2.4687	−0.0445
45×45	2.4697	−0.004
55×55	2.4688	−0.0405

　　若颗粒个数一定，通过改变颗粒半径即可改变其体积分数。这里体积分数是指所有圆形颗粒的面积之和与整个区域面积的比。图 6-26 给出了不同弹性模量颗粒的体积分数 V_p 对裂尖Ⅰ型无量纲化应力强度因子的影响。结果表明，颗粒半径增大时，裂尖与颗粒间的距离减小，使得颗粒对裂尖断裂参数的影响增大。当颗粒弹性模量大于基体时会使得裂尖无量纲化应力强度因子减小，即产生裂尖"钝化"现象。当颗粒弹性模量小于基体时（将二者的弹性模量值对换）则会使得该值增大，产生裂尖"强化"现象［图 6-26(a) 为强颗粒，图 6-26(b) 为弱颗粒］。

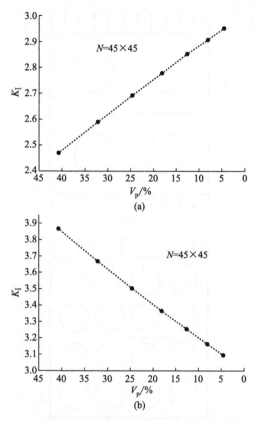

图 6-26　颗粒体积份数对裂尖 I 型无量纲化应力强度因子的影响

　　若保持颗粒体积分数不变，考察颗粒均匀分布时其个数 n 对裂尖断裂参数的影响，如图 6-27 所示。计算中颗粒体积分数始终为 32.16991%，并采用 45×45 的有限元网格，结果如表 6-4 所列。可以发现，随着颗粒数量增加，颗粒与裂尖的距离变小，从而使得裂尖应力强度因子有缓慢减小的趋势。

表 6-4　I 型无量纲化应力强度因子

颗粒个数 N	I 型应力强度因子	相对变化比例/%
4	2.6449	—
16	2.5897	−2.09
64	2.5356	−4.13

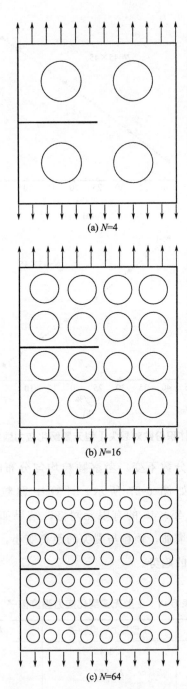

(a) $N=4$

(b) $N=16$

(c) $N=64$

图 6-27　不同颗粒个数对裂尖 I 型无量纲化应力强度因子的影响

6.1.4.6 应用随机分布多颗粒模型研究颗粒增强复合材料的静态断裂行为

在建立随机模型时，首先要设定颗粒的体积份数。其次，设定椭圆长、短半轴的取值范围。最后，在子程序中随机选取椭圆中心位置、倾角以及半轴长度，并确保椭圆之间不发生重叠。假设椭圆形颗粒与基体间粘接完好，将建立的随机模型导入主程序进行计算。计算使用的数据为：板长 $D=$ 8mm；宽 $L=4$mm；裂纹长度 $a_0=1$mm；$E_p/E_m=4$；$\nu_p=\nu_m=0.3$；椭圆半轴的最小尺寸为 0.4mm，最大尺寸为 1.6mm；长方形板条的上、下两端均受到拉伸载荷 σ 作用，且 $\sigma=\sigma_0=1$MPa。网格数量为 40×81。

图 6-28、图 6-29 和图 6-30 分别给出了颗粒体积分数为 10％、20％和 30％时的 5 种随机分布样本。图 6-31、图 6-32 和图 6-33 给出了变形

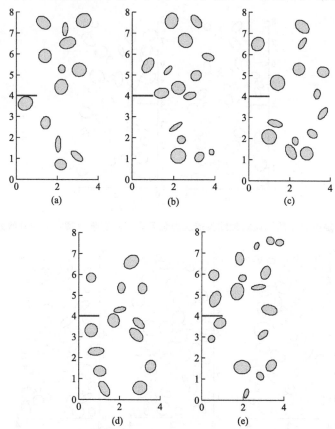

图 6-28 随机分布的颗粒对边裂纹尖端应力强度因子的影响 (颗粒体积分数为 10%)

后的网格（均对应第一个样本）。书后彩图 2～彩图 4 则分别给出了对应的 y 方向的应力云图。

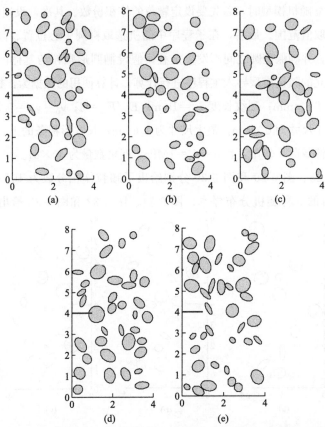

图 6-29　随机分布的颗粒对裂纹尖端应力强度因子的影响（颗粒体积分数为 20%）

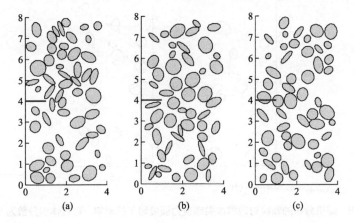

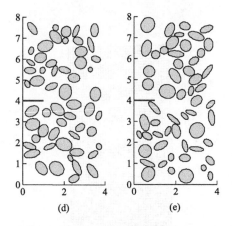

(d)　　　　　　　(e)

图 6-30　随机分布的颗粒对边裂纹尖端应力强度因子的影响　(颗粒体积分数为 30%)

图 6-31　图 6-28(a)对应的变形后的网格

图 6-32　图 6-29(a)对应的变形后的网格

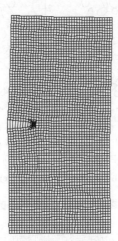

图 6-33　图 6-30(a) 对应的变形后的网格

　　从应力云图中可以发现，颗粒附近存在较为明显的应力集中，同时可以证明本章所采用的在材料界面附近设置较密积分点的方法是可行的。最后，得到了不同颗粒体积份数对应的裂尖混合型无量纲化应力强度因子和裂纹初始扩展角，如表 6-5～表 6-7 所列。由于颗粒随机分布，裂尖可能落在基体或颗粒内部，此处并没有考虑落在界面的情况。从表中数据可以看出，当裂尖落在颗粒内部时应力强度因子值会发生较大变化；另外，初始扩展角的值亦能证明颗粒对基体裂纹的排斥作用。

表 6-5　颗粒体积分数为 10% 时裂尖断裂参数

项目	K_{I}	K_{II}	θ_{c}
样本(a)	2.0984	−0.0692	3.7684
样本(b)	2.1753	−0.0330	1.7397
样本(c)	2.0945	0.0406	−2.2166
样本(d)	2.2671	0.0424	−2.1390
样本(e)	2.4660	−0.0781	3.6187

表 6-6　颗粒体积分数为 20%时裂尖断裂参数

项目	K_{I}	K_{II}	θ_c
样本(a)	1.8567	0.0557	−3.4306
样本(b)	9.6785	3.8802	−35.4073
样本(c)	1.9057	−0.0680	4.0783
样本(d)	5.3756	−0.5070	10.5917
样本(e)	1.5669	0.0400	−2.9245

表 6-7　颗粒体积分数为 30%时裂尖断裂参数

项目	K_{I}	K_{II}	θ_c
样本(a)	1.0761	0.2100	−20.6486
样本(b)	1.1588	0.1953	−18.1717
样本(c)	5.5245	−0.6442	12.9618
样本(d)	1.6492	−0.0401	2.784
样本(e)	1.5030	−0.1336	10.0039

本节首先应用裂尖局部网格替代的扩展有限元法研究了静载荷作用下颗粒和裂纹的相互作用问题，并给出了基体裂纹准静态扩展轨迹和对应的无量纲化能量释放率的波动情况。其次，研究了界面缺陷对基体裂纹扩展轨迹的影响规律。模拟裂纹扩展时调整了数值积分方法，使得扩展步长的取值可以远小于单元边长，从而能够在采用较少网格的前提下实现精确模拟。最后，为了充分发挥本章算法的优点，研究了颗粒分布形式对主裂纹尖端断裂参数的影响。

主要结论如下。

① 当基体裂纹尖端靠近颗粒，且颗粒弹性模量大于（或小于）基体时，裂尖无量纲化能量释放率会呈现降低（或升高）的趋势。

② 当基体裂纹扩展至颗粒附近时，其扩展轨迹才会发生明显的变化。而当裂尖距离颗粒较远时，能量释放率就会受到很大的影响。当基体裂纹扩展越过颗粒之后，能量释放率呈现与之前相反的变化趋势，且随着裂尖远离颗粒而趋于单一材料时的情形。

③ 颗粒与基体间界面的缺陷会引起局部区域应力集中，对基体裂

纹的扩展产生吸引作用，同时在一定程度上提高了裂尖的能量释放率。

④ 颗粒间距越小，裂纹穿过时裂尖能量释放率的波动幅度就越大，甚至会产生极其明显的裂尖"强化"现象。

⑤ 当裂纹尖端靠近颗粒时，颗粒与基体间界面上的应力较大，容易造成界面失效和颗粒断裂。

6.2 动态断裂与疲劳裂纹问题

如图 6-34(a) 所示，一长为 L、宽为 D 的均质板条内含一长度为 $2a$ 的水平中心裂纹。板的上下两端同时受到拉伸载荷 P_t 作用，如图 6-35 所示。

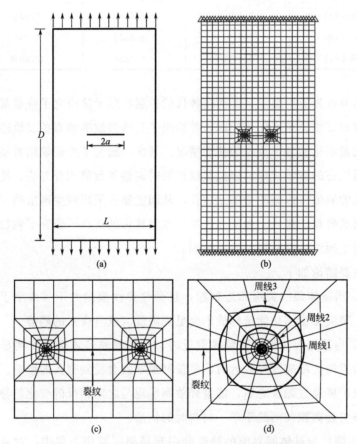

图 6-34 拉伸载荷作用下含中心裂纹的均匀矩形板

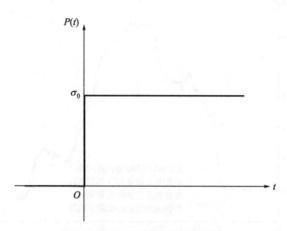

图 6-35　冲击载荷与时间的关系

图 6-34 分别给出了整体网格划分、裂尖局部网格及相互作用积分区域，坐标系原点位于板的左下角。图 6-34(b) 显示的网格共包含 928 个四边形八节点单元和 24 个三角形六节点奇异元。假设为平面应变状态。

计算采用的数据为：$E=199.992\text{GPa}$；$\rho=5000\text{kg/m}^3$；$\nu=0.3$；$C_d=7340\text{m/s}$；$L=20\text{mm}$；$D=40\text{mm}$；$2a=4.8\text{mm}$；$\sigma_0=1\text{MPa}$；另外，取时间步长 $\Delta t=0.05\mu\text{s}$。裂尖动应力强度因子通过下式进行无量纲化：

$$K_s=\sigma_0(\sqrt{\pi a}) \tag{4-86}$$

时间 t 则通过 $C_d t/(D/2)$ 进行无量纲化。计算所得的中心裂纹右尖端Ⅰ型无量纲化动应力强度因子如图 6-36 所示。文献 [5] 给出了采用 M 积分结合传统有限元计算的结果。将二者比较可以发现，本章结果（I 积分）与文献 [5] 的结果吻合良好，再次证明了裂尖局部网格替代扩展有限元法及相互作用积分的有效性。图 6-36 还给出了通过不同积分区域求得的动应力强度因子，发现它们吻合良好，验证了相互作用积分的路径无关性。还可发现，本章方法中网格划分的难度明显低于传统有限元法，并且当裂尖位置移动时网格划分方式不变。

裂尖局部网格替代的扩展有限元法及其应用

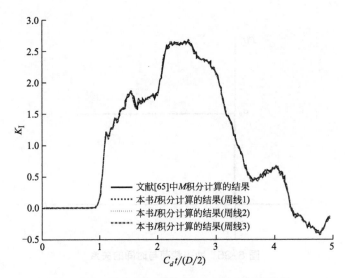

图 6-36　数值解与文献［5］中参考解的比较

　　接着，研究了时间步长对数值结果的敏感性。图 6-37 给出了四个不同时间步长（单位是 μs）对应的结果，可以发现时间步长的改变会对裂尖动态应力强度因子产生很大影响，尤其对峰值点的影响最大。这说明，如果时间步长取值太大，则不能很好地捕捉材料的动态响应。而当时间步长取值逐渐减小时，数值结果收敛于稳定值。

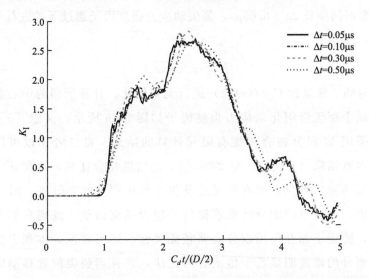

图 6-37　四个不同时间步长对应的裂纹右尖端 I 型无量纲化应力强度因子

如图 6-38 所示，一长为 L、宽为 D 的非均质矩形板条内部含一长度为 $2a$ 的水平中心裂纹。板的上、下两端同时受到阶跃形式的拉伸载荷 P_t（如图 6-35 所示）作用。

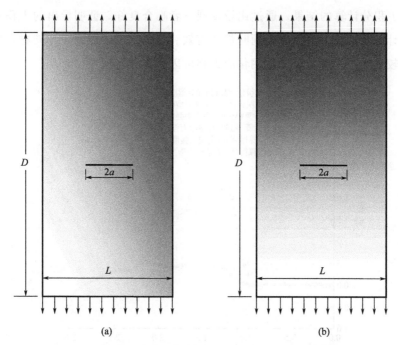

(a)　　　　　　　　　　(b)

图 6-38　拉伸载荷作用下含中心裂纹的非均匀矩形板

板的杨氏模量和质量密度按照指数形式变化，如下所示：

$$E = E_0 \exp(\beta_1 x + \beta_2 y) \tag{6-1}$$

$$\rho = \rho_0 \exp(\beta_1 x + \beta_2 y) \tag{6-2}$$

式中　E_0 和 ρ_0——上一节算例中均质板的材料属性；

β_1 和 β_2——表征材料非均匀性的参数，且分别意味着材料属性沿 x 轴和 y 轴变化的程度（坐标系原点位于板的左下角）。计算中泊松比取常数（$\nu = 0.3$）。仍假设为平面应变状态，且时间积分的步长 $\Delta t = 0.1\mu s$。首先，考虑图 6-38(a) 描述的情况。取 $\beta_1 = \beta_2 = 0.1$，即材料属性沿着两个坐标轴同时变化，对应的单位是 mm。计算采用的网格及相互作用积分半径与均质板时相同。

得到的混合型应力强度因子如图 6-39 所示，其中横坐标通过均质板的材料属性进行无量纲化（$C_d = 7340\text{m/s}$）。图 6-39 同时给出了文献[5] 采用 M 积分计算的结果、本章采用 M 积分计算的结果以及本章采用 I 积分计算的结果。通过比较发现三者吻合良好，证明导出的 I 积分在计算非均质材料断裂问题时仍然有效。另外，还可以发现即使材料梯度较大时，裂尖 II 型无量纲化应力强度因子也相对较小。

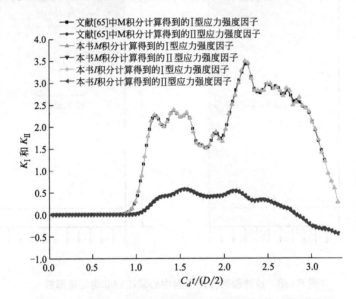

图 6-39 不同方法计算得到的裂尖无量纲化动应力强度因子

接下来考虑如图 6-38(b) 描述的情况。假设材料属性仅沿 y 方向变化，取 β_1 为 0，β_2 分别为 0、0.05、0.1。此时，左、右裂尖处的材料属性相同。图 6-40 给出了裂纹右尖端 I 型无量纲化应力强度因子 $K_I(t)$ 随 β_2 的变化情况。

由于是水平裂纹且材料属性仅沿 y 方向变化，裂纹左、右尖端 I 型应力强度因子相等，II 型符号相反，因此本节只给出裂纹右尖端处的解。图 6-41 给出了 II 型无量纲化应力强度因子 $K_{II}(t)$ 随 β_2 的变化情况。可以发现随着 β_2 的增大，它对 $K_{II}(t)$ 产生了显著的影响，而对 $K_I(t)$ 或其峰值的影响并不大。但从总体来看，$K_{II}(t)$ 仍明显小于 $K_I(t)$。

最后，研究功能梯度板中含倾斜中心裂纹的情况，如图 6-42(a) 所

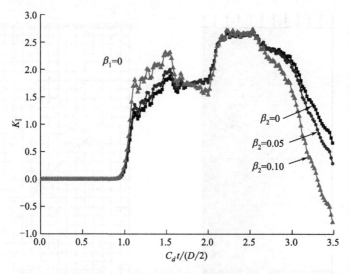

图 6-40　材料属性沿 y 方向按不同方式变化时裂尖Ⅰ型动应力强度因子

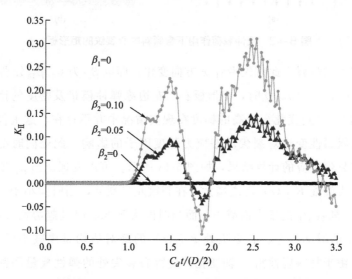

图 6-41　材料属性沿 y 方向按不同方式变化时裂尖Ⅱ型动应力强度因子

示。计算采用的数据为：$L = 30\text{mm}$；$D = 60\text{mm}$；$\theta = 45°$；$2a = 14.14\text{mm}$。整体的网格划分如图 6-42(b) 所示，共包含 558 个四边形二次单元和 24 个三角形奇异单元。所涉及的材料属性均与前例相同，且板的弹性模量与密度比为常数。板上、下两端所受的载荷仍为 P_t，取时间步长 $\Delta t = 0.1\mu\text{s}$。

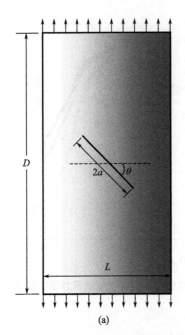
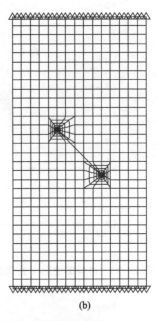

(a)   (b)

图 6-42　拉伸载荷作用下含倾斜中心裂纹的矩形板

　　假设材料属性此时仅沿着 x 方向变化，即取 β_2 为 0，β_1 分别为 0、0.05、0.1、0.15。此时，矩形板右、左边缘弹性模量及密度的比值均在 1 到 90 之间变化。极高的梯度在现实情况中并不存在，这里仅为了研究材料属性变化对裂尖动态应力强度因子的影响。此处同时给出了左、右裂尖对应的计算结果，如图 6-43 所示。可以发现，当 β_1 增大时裂纹右尖端处 $K_{\mathrm{I}}(t)$ 随之增大。在裂纹左尖端处，当时间小于 3.5 时 $K_{\mathrm{I}}(t)$ 随着 β_1 的增大而减小，而当时间大于 3.5 时其趋势恰好相反。随着 β_1 的增加，左、右裂尖处 $K_{\mathrm{II}}(t)$ 的绝对值均是先减小后增加。另外，由于材料属性沿 x 轴变化，使得右裂尖处的弹性模量和密度均高于左裂尖处。因此，随着 β_1 的增加，右裂尖处 $K_{\mathrm{I}}(t)$ 的最大值总是高于左裂尖处 $K_{\mathrm{I}}(t)$ 的最大值。

　　如图 6-44 所示，边长为 L 的方板内含一长度为 $2a$ 的水平中心裂纹。板的上下两端受到均布的冲击拉伸载荷作用。计算中采用的数据包括：$L = 40\mathrm{mm}$；$E_{\mathrm{p}}/E_{\mathrm{m}} = 2$；$R = 0.1L$；$2a = 8\mathrm{mm}$；$\rho_{\mathrm{p}} = \rho_{\mathrm{m}} = 1000\mathrm{kg/m^3}$。

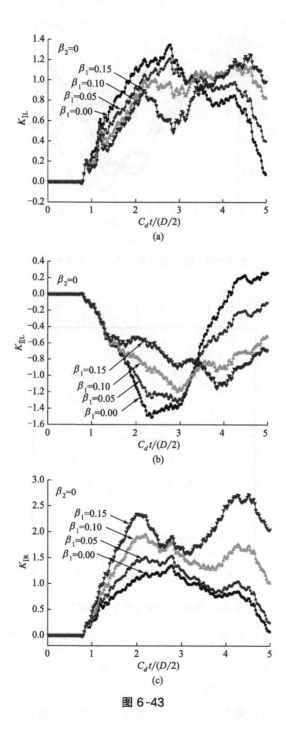

图 6-43

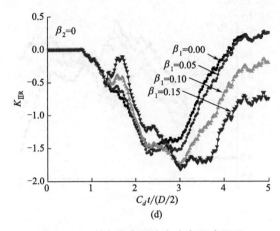

图 6-43　裂尖混合型动态应力强度因子

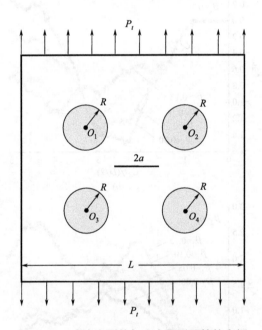

图 6-44　含中心裂纹与四个圆形颗粒的方板

　　根据纽马克法的特点，时间步长 Δt 的大小不影响解的稳定性。这里取 $\Delta t = 65h/C_L$，其中 $C_L = \sqrt{(\lambda+2\mu)/\rho}$ 表示波速，λ 为 Lame 常数，μ 为剪切模量，ρ 为质量密度，$h = D/2$。

　　首先，考虑颗粒位置对裂尖断裂参数的影响。假设图 6-44 中仅有

中心为 $O_2(30,26)$ 的颗粒存在，然后将其水平移动至 $O_2'(34,26)$，分别考察两个位置对应的裂纹右尖端 I 型无量纲化应力强度因子，结果如图 6-45 所示。

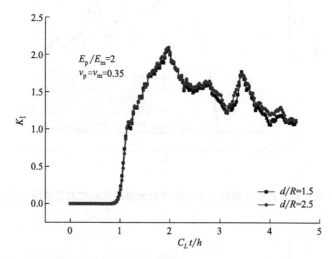

图 6-45　较硬颗粒的位置对裂纹右尖端 I 型无量纲化动应力强度因子的影响

从图中可以看出，当颗粒靠近裂尖时动态应力强度因子有减小的趋势。但需要指出的是，如果颗粒非常接近裂尖且位于裂尖正上方时可能会出现相反的趋势，与静载时的情况类似。

其次，考察颗粒数量对裂尖断裂参数的影响。假设图 6-44 中存在单个颗粒 [中心为 $O_2(26,26)$] 或者两个颗粒 [中心为 $O_2(26,26)$、$O_4(26,14)$]。分别计算这两种情况下裂纹右尖端无量纲化的应力强度因子，结果如图 6-46 所示。结果表明，当裂尖附近颗粒数量增加时动应力强度因子有所减小。对于双颗粒的情况，由于几何及边界条件完全对称，因此 II 型应力强度因子为零。

最后，考察颗粒与基体模量比对裂尖动态应力强度因子的影响。假设如图 6-44 中所示的四个颗粒同时存在，且中心坐标分别为 $O_1(10,30)$，$O_2(30,30)$，$O_3(10,10)$，$O_4(30,10)$。其他条件均保持不变，计算得到的结果如图 6-47 所示。同样地，在动载荷作用下颗粒与基体模量比对裂纹尖端场有着重要的影响。当颗粒弹性模量大于基体时会导致裂尖应力强度因子减小，反之则会导致该值增大。上述结论只是在特定

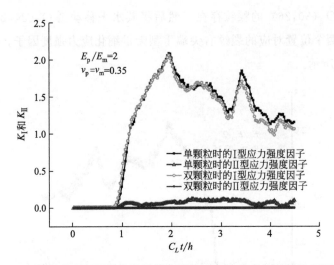

图 6-46　颗粒数量对裂纹右尖端混合型无量纲化动应力强度因子的影响

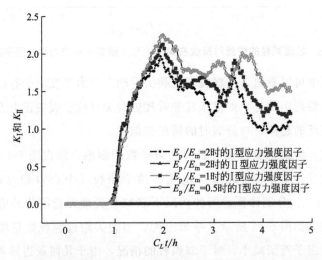

图 6-47　材料常数不匹配对裂纹右尖端混合型无量纲化动应力强度因子的影响

的区间内才成立，因为当裂尖靠近颗粒时无量纲化应力强度因子可能会出现与静载时类似的波动。

　　下面研究受冲击载荷方板中边裂纹的起裂问题。并将数值模拟结果与文献［6］的实验结果做比较，验证本章算法的有效性。根据对称性条件，只取一半模型进行计算，如图 6-48（a）所示。对应的网格划分如图 6-48（b）所示，其中包含 34×34 个规则的四边形二次单元。裂尖局部则采用 4.2.3 部分中给出的网格划分方式。采用的数据为：$E=$ 190GPa；$\nu=0.3$；$\rho=8000\mathrm{kg/m^3}$；$L=0.1\mathrm{m}$；$a=0.05\mathrm{m}$；$\nu_0=$ 16.5m/s；$K_{\mathrm{IC}}=68\mathrm{MPa}\sqrt{\mathrm{m}}$。模拟裂纹快速扩展时的波速分别定义为：$C_d=5654.3\mathrm{m/s}$；$C_s=3022.4\mathrm{m/s}$；$C_R=2799.2\mathrm{m/s}$。

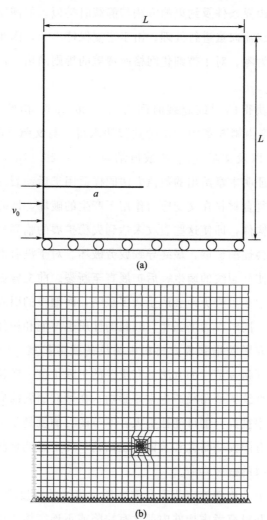

(a)

(b)

图 6-48　冲击载荷作用下含边裂纹的方板

根据文献［6］对实验过程的描述，在数值模型中除了板下边缘施加的对称边界条件外，其左边缘下方承受持续的速度边界条件。因此，

对应的节点位移以及加速度也为固定值。位移值则根据速度和时间步长来确定，即

$$u_1(n) = v_0 n \Delta t \tag{6-3}$$

式中，n 和 Δt——时间步数和步长。

施加位移边界条件及约束的方法与静载时类似，但需要针对等效刚度矩阵及等效载荷向量进行处理。由于速度保持不变，因此这些节点对应的加速度值为零。对于被细化网格所覆盖的规则网格，仍设置其不参与计算。

数值模拟获得的裂纹起裂时间为 $t_0 = 26.3 \mu s$，初始扩展角 $\theta_0 = 69.15°$。该角度由第 5 章中给出的迭代法求得。与文献 [6] 的实验结果 ($\theta_0 = 70°$) 以及文献 [7] 的数值结果 ($t_0 = 26.17 \mu s$，$\theta_0 = 67.5°$) 均吻合良好。证明本章给出的数值方法同样适用于运动裂纹问题。

颗粒增强复合材料在交变应力作用下产生的破坏，即疲劳破坏。含有初始裂纹的构件，即使这些裂纹未达到失稳扩展的临界尺寸，在交变应力作用下也会逐渐扩展，最终导致疲劳破坏。对于没有宏观裂纹的构件，也可能促使微裂纹的萌生，后扩展直至断裂。前文曾提到，复合材料在制备过程中不可避免地会产生诸多缺陷，而颗粒的引入更加剧了这一现象的发生。同时作为增强相，颗粒的性质也可能和构件的疲劳寿命产生关联。研究颗粒增强复合材料中裂纹的疲劳扩展，预测其使用寿命，找到优化其耐疲劳性的方法具有重要的工程价值。颗粒尺寸及分布形式会对疲劳裂纹扩展路径产生重要影响，在颗粒团簇的局部区域，疲劳裂纹扩展速率被提升的可能性更大。本节的目的就是基于不含裂尖增强函数的扩展有限元法研究和验证上述结论，并定量地预测构件同时包含裂纹和颗粒时的疲劳寿命。

一般情况下，构件的疲劳寿命需要通过传统的强度理论进行预测。但这些理论中并没有考虑构件内部含有缺陷或不连续体的情况。本章应用 Paris 经验关系式进行计算：

$$\frac{da}{dN} = C(\Delta K_e)^m \tag{6-4}$$

式中　da——对应的裂纹长度增量；

　　dN——交变应力的循环次数增量；

　da/dN——定量表示疲劳裂纹扩展用；即疲劳裂纹扩展速率，表示
　　　　　　交变应力每循环一次裂纹扩展的平均长度；

　　ΔK_e——最大应力（σ_{max}）和最小应力（σ_{min}）对应的等效应力强
　　　　　　度因子之差（在等幅值的循环载荷作用下）；

C 和 m——材料常数，且对于同一材料，m 值不随构件的形状和载
　　　　　　荷性质而改变。对于各种金属材料，指数 m 在 $2\sim7$ 范
　　　　　　围内。

　　在计算时需要预先设定裂纹扩展的步长，如果步长太大则会影响扩展
轨迹的精度。采用本书的数值方法可以设置相当小的步长而无需增加网格
数量，这也是该方法与其他数值方法相比的优势所在。预测含裂纹及颗粒
构件的疲劳寿命时，获得精确的裂尖应力强度因子至关重要。本节首先给
出一个算例，并将数值结果与文献结果做比较验证算法的有效性。然后给
出颗粒复杂分布时，基体裂纹疲劳扩展的模拟结果及相关讨论。

　　如图 6-49 所示，一长为 D、宽为 L 的矩形板内含一长度为 a_0 的中
心裂纹。在中心裂纹的周围存在 12 个半径为 r 的圆形颗粒。板的上边
缘受到拉伸循环载荷 σ 作用，下边缘约束情况如图 6-49 所示。

　　计算中采用的数据为：$E_m = 74000\text{N/mm}^2$；$E_p = 20000\text{N/mm}^2$；
$\nu_m = 0.3$；$\nu_p = 0.3$；$K_{IC} = 1897.36\text{N/mm}^{3/2}$；$m = 3.32$；$C = 2.087136 \times 10^{-13}$；$a_0 = 15\text{mm}$；$r = 3.5\text{mm}$；$L = 100\text{mm}$；$D = 200\text{mm}$；$\sigma_{min} = 0\text{N/mm}$；$\sigma_{max} = 160\text{N/mm}$。为了与文献 [8] 的结果做对比，取裂纹
扩展步长 $\Delta a = 2\text{mm}$。计算采用 45×91 的八节点矩形单元，两个裂尖
周围均采用三角形六节点奇异元，结果如图 6-50 所示。

　　由于所求问题的载荷及边界条件是对称的，裂纹会沿着直线向前扩
展。这时裂尖 II 型应力强度因子和 I 型相比很小且接近于 0。因此，在
计算中删去了 II 型应力强度因子的影响。当裂尖等效韧性超过材料的断
裂韧性时，将发生失稳扩展。仅有中心裂纹存在时，本节计算得到的失
效疲劳寿命 N 为 7858 周，对应的裂纹扩展总长度为 41.58mm。文献
[8] 给出应用 XFEM 和 FEM 求得的结果分别为 7918 周和 7846 周，裂
纹扩展总长度分别为 41.67mm 和 41.58mm。如图 5-1 所示的颗粒存在

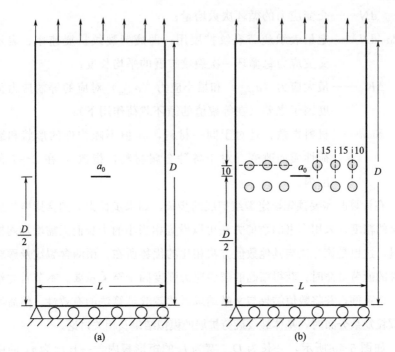

图 6-49　包含不连续体的区域

时，数值计算得到的失效疲劳寿命为 6203 周，对应的裂纹扩展总长为 40.8mm。文献 [8] 给出的疲劳寿命分别为 6321 周和 6274 周，裂纹扩展总长分别为 40.30mm 和 40.14mm。经过对比证明了本章的方法是有效的。另外，可以发现，由于颗粒的存在，该复合材料的疲劳寿命降低了 21.66%。通过分析也不难得出一致结论：由于颗粒的弹性模量小于基体，使得裂尖等效应力强度因子得到提升，在指定扩展步长前提下根据式（6-4）可知寿命会降低；当颗粒的弹性模量大于基体时情况恰好相反。

计算模型及对应的几何尺寸如图 6-51 所示，其中长度的单位为微米。含预置边裂纹的长方形板条受到拉伸载荷作用。

若干半径为 r 的圆形颗粒被置于边裂纹前方，板中心处的矩形区域内（代表性单胞），且 $r = 6\mu m$。假设为平面应力状态，在此矩形区域内设置基体为 2124 铝合金，其材料属性为 $E_m = 73\text{GPa}$，$\nu_m = 0.33$；设置颗粒为碳化硅，其材料属性为 $E_p = 450\text{GPa}$，$\nu_p = 0.17$。矩形区域

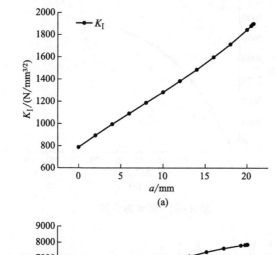

(a)

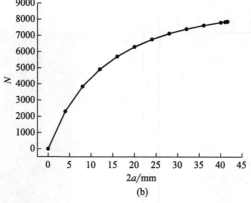

(b)

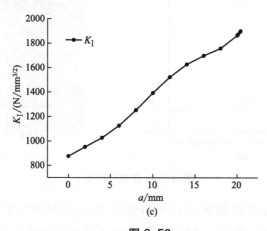

(c)

图 6-50

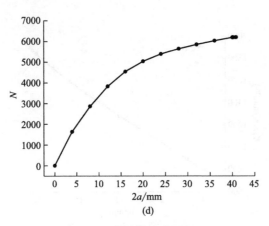

(d)

图 6-50　疲劳寿命预报

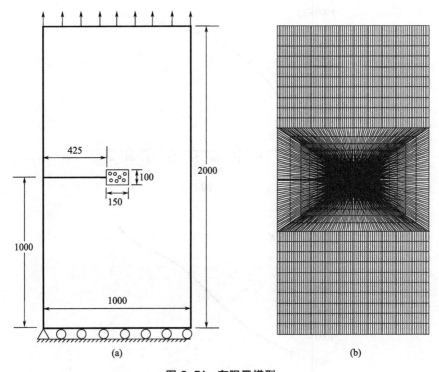

图 6-51　有限元模型

以外的部分称为远场区域，材料设置为 Al2124-18.7% SiC$_p$。根据 Eshelby 等效夹杂理论，可以计算得到等效的弹性模量和泊松比分别为 $E_c = 96.5\mathrm{GPa}$，$\nu_c = 0.31$。

首先来说明如何设置颗粒随机分布形式，即产生一系列的颗粒中心坐标且满足一定的前提条件。在本章的计算中一共采用了两种方法。第一种是颗粒均匀分布的情况，如图 6-52(a) 所示。此时，需定义一个约束性的系数 α，虽然颗粒中心位置是随机的，但必须保证颗粒界面之间的距离大于 αr。不难发现，当矩形区域大小一定时，提升 α 值可以使得颗粒分布更加均匀。另一种是颗粒分布存在团簇的情况，如图 6-52(b) 所示。此时，可以定义若干个始终固结在一起的"母"颗粒。其余均为"子"颗粒，它们随机分布在母颗粒的周围，并通过设置最小颗粒间距控制其位置。

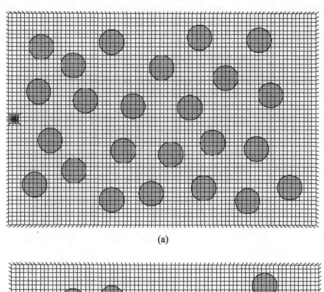

(a)

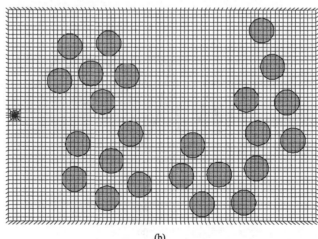

(b)

图 6-52　代表性单胞中的网格划分形式

接下来，介绍本书数值方法所采用的网格划分方式。整体的网格划分如图 6-52(b) 所示，该网格在 ANSYS 11.0 中通过标准的方法生成。然后，在子程序中读取生成的节点和单元信息并写成.m 文件（见附录），后将其导入用 MATLAB 编写的扩展有限元程序中进行计算。在代表性单胞内采用正方形八节点二次单元，裂尖周围则采用三角形六节点奇异单元。

假设裂纹在等幅值循环载荷作用下发生扩展：$\sigma_{\min}=0$MPa，$\sigma_{\max}=1$MPa。扩展角仍由最大环向应力准则确定。模拟时采用统一的扩展步长，为 2 个单位长度，恰好等于颗粒附近单元的边长。通过模拟得到的裂纹扩展轨迹如图 6-53(a) 和图 6-54(a) 所示。对应的无量纲化能量释

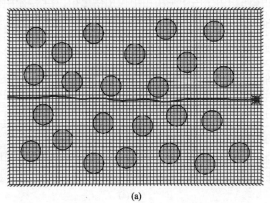

(a)

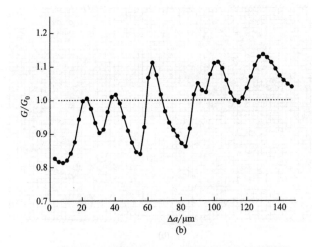

(b)

图 6-53 颗粒均匀分布时裂纹扩展轨迹的模拟

放率如图 6-53(b) 和图 6-54(b) 所示，其中 G_0 表示同样裂纹形式下不含增强颗粒时裂尖无量纲化能量释放率，通过与应力强度因子的关系求得。对于线弹性断裂力学中的混合型裂纹问题，应变能释放率准则和最大应力准则是等效的。因此，G/G_0 减小的同时，K_e/K_{e0} 也在减小，其中 K_{e0} 表示同样裂纹形式下不含颗粒时裂尖的等效应力强度因子。

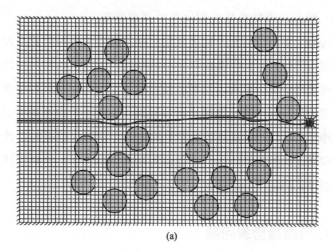

(a)

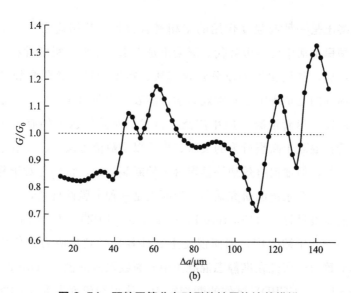

(b)

图 6-54　颗粒团簇分布时裂纹扩展轨迹的模拟

根据 Paris 公式，如式（6-4）所列，有 $\Delta a = C \times (K_{eq\max})^m \times \Delta N$。假设 C 和 m 均为材料常数（C 为正数，m 为正整数），且 $\Delta N = 1$，可以发现疲劳裂纹扩展速率直接和等效应力强度因子相关。将这一结论和之前的"钝化"或"强化"现象相联系可以得出，裂尖"钝化"会导致裂纹减速扩展；相反地，裂尖"强化"会导致裂纹加速扩展。当裂纹穿过间隙较小的颗粒团簇区时会发生明显的裂尖"强化"现象，如图6-54(b) 所示，可能会导致裂纹扩展速率提高。

根据前文的研究可知，如果裂纹扩展至较强的颗粒附近且发生尖锐的偏折（裂尖钝化）时其扩展速率会明显降低，这种现象在颗粒均匀分布时出现的可能性更大。其次，当颗粒以团簇式分布时，在颗粒分布比较稀疏的区域等效应力强度因子的波动比较轻微，裂纹扩展速率被抑制的可能性也比较小。最后，当大量颗粒近似对称地分布在裂尖周围时会使得裂尖出现剧烈偏转的次数明显降低。综合以上几点可以得出，颗粒以团簇式分布时疲劳裂纹扩展的平均速率往往要高于颗粒均匀分布时的情况。

6.3　巴西圆盘劈裂问题

混凝土是一种起强度作用的多相复合材料，其用途之广，用量之大，在国民生活中已不可替代。混凝土是由水、水泥、粗细骨料和添加剂拌制而成，其硬化后的成分包含基质、粗细骨料、微孔洞裂纹缺陷等，其内部的复杂决定了其宏观力学性能表现为各向异性以及一定程度上的离散性。尽管混凝土应用广泛，但我们对其的认识仍有不足。目前，尽管在混凝土断裂行为的实验、理论以及数值方法上已经有了大量的研究工作，但如何有效地评估混凝土的断裂问题，特别是对于复合加载条件下是一个永恒的研究话题。混凝土是一种准脆性材料，断裂时存在明显的断裂过程区（Fracture Process Zone，FPZ）。混凝土的拉伸强度远远小于其压缩强度，因而混凝土试件容易受到拉应力致使失稳破坏。本节致力于研究在准静态混凝土中心裂纹巴西圆盘（Central Crack Brazilian Disk，CCBD）试件的断裂行为。认识和研究混凝土的断裂破坏，有助于预防混凝土在极端环境下的发生破坏、提高混凝土的力学性能以及工程实践提出合理性、指导性建议。

由于要将 LMR-XFEM 的计算结果与实验结果作比较，首先，我们设计了相关的实验，以下做简要的介绍。

分别制备了 4 种配比的混凝土 CCBD 试件：a. 砂浆试件 M；b. 小颗粒骨料混凝土试件 SC；c. 大颗粒骨料低强混凝土试件 LC；d. 大颗粒骨料高强混凝土试件 HC。

4 种配比的混凝土试件见书后彩图 5。

混凝土 CCBD 试件制作流程包括以下几项。

① 钢模制作。钢模的内直径 $2R$ 为 70mm，深度为 30mm。

② 安装薄钢片。在试模底部中心安装厚度为 0.8mm、宽度 14mm 的薄钢片，钢片固定在底座的凹槽内，保证钢片垂直且处于试件的中心。

③ 在钢模内侧和薄钢片表面涂抹适量的混凝土脱模剂；粗集料选为的粉碎石灰石；细集料为河砂。所有批次试件均采用相同的配合比，且一次浇注成型。在浇注振捣过程中应尽量避免钢片发生弯曲、扭曲等现象；在混凝土终凝前，将薄钢片从试模中轻轻拔出，形成混凝土初始预制中心裂缝；试件脱模后，在温度 20℃±2℃、相对湿度 95％以上的标准养护条件下，养护 28d；为保证试件前后端面平整且相互平行，对试件的前后端面进行打磨处理。

④ 为使裂纹达到要求的长度，先使用锯条锯开裂纹，然后裂纹尖端采用较细的钢丝锯处理，裂纹宽度最大达 0.8mm，裂纹尖端宽 0.3mm。

另外，还需制备用于测量混凝土抗压强度的标准立方体试件和用于测量抗拉强度的 BD 试件。准静态实验的流程和材料参数读者可以参考文献 [9]，这里不再详述。实验结果表明，试件都是从裂纹尖端起裂，并扩展至加载端。对于砂浆 M 试件，裂纹端面较为平整；对于混凝土 SC、LC、HC 试件裂纹沿着砂浆基质扩展，绕开骨料，断裂面较为粗糙。混凝土 CCBD 断裂载荷数值离散性较大，除测试误差引起的因素以外，一是混凝土材料本身性质的影响，混凝土是多相复合材料，骨料、微裂纹缺陷等分布不均匀对测试结果产生影响；二是预制裂缝特征的影响，由于在试件制作过程中受试验手段的限制，很难保证所预制试件的裂尖特征完全一致，裂缝的形态存在一定的差异，从而对测试结果产生一定影响。

在计算中，将 CCBD 试件简化为平面应力问题来处理。采用 LMR-XFEM 建立的数值模型如图 6-55 所示。

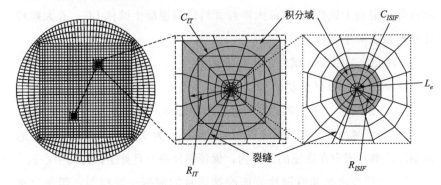

图 6-55　细化网格和积分域的示意

这里，R_{ISIF} 和 R_{IT} 分别是圆形积分轮廓 C_{ISIF} 和 C_{IT} 的半径，积分域的半径 R_{ISIF} 和 R_{IT} 的大小分别为 $\dfrac{R_{ISIF}}{L_e}=3$ 和 $\dfrac{R_{IT}}{L_e}=48$，其中 L_e 是围绕裂纹尖端六节点三角形奇异单元的半径。对于求解 $SIFs$ 和 T 应力的积分域在图 6-55 标记成灰色。此外，模型中分布的高斯积分点示意如图 6-56 所示。

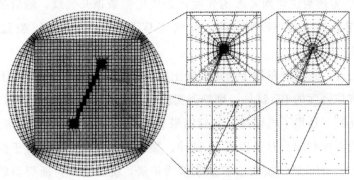

图 6-56　积分方法示意

对于裂纹长度和圆盘直径比 $\alpha=0.4$，无量纲应力强度因子、T 应力、A_3 以及 B_3 的值可以通过第 2 章中的超确定有限元法求解，大小如图 6-57 所示。

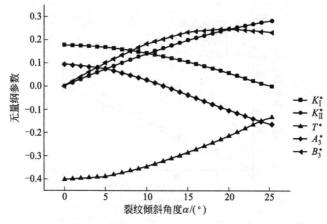

图 6-57 裂纹长径比为 $\alpha = 0.4$ 的 CCBD 试件的无量纲参数

由式（2-44）~式（2-45）可以求解得到的混凝土 M、SC、LC、HC 试件的断裂过程区（*FPZ*）尺寸。然后将 *PFZ* 值代入修正的最大切向应力准则可得到混凝土 M、SC、LC、HC 的裂纹起裂角 θ_0 预测曲线。图 6-58 是 MTS、GMTS 和 MMTS 三种准则对混凝土（M、SC、LC、HC）CCBD 试件裂纹起裂角 θ_0 的预测曲线与实验值对比。可以发现，GMTS 和 MMTS 准则的起裂角的预测曲线与实验值较为一致，而 MTS 准则的预测曲线偏差较大。由于裂纹表面比较粗糙，所以将预制裂纹方向与裂纹尖端的断裂面之间的夹角作为裂纹起裂角的值。

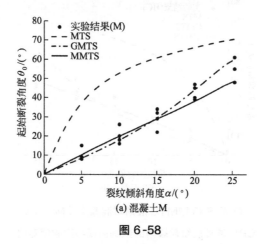

(a) 混凝土M

图 6-58

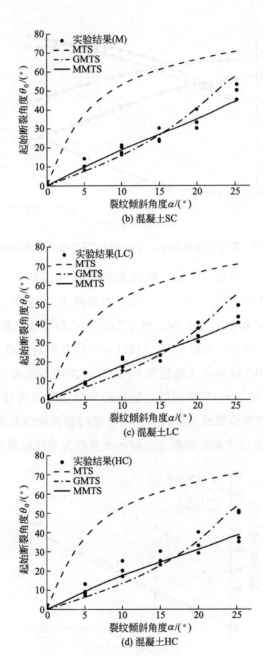

(b) 混凝土SC

(c) 混凝土LC

(d) 混凝土HC

图 6-58　MTS、 GMTS 和 MMTS 准则对混凝土（M、 SC、 LC 和 HC）

CCBD 试件裂纹起裂角的预测曲线与实验值对比

同时可根据修正后的准则得到混凝土 M、SC、LC、HC 的断裂阻力预测 K_{If} 和 K_{IIf} 曲线。如图 6-59 所示是 MTS、GMTS 和 MMTS 三种准

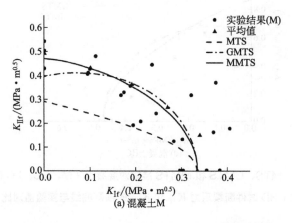

(a) 混凝土M

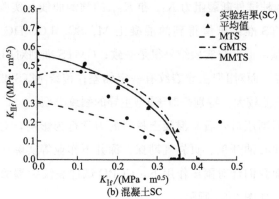

(b) 混凝土SC

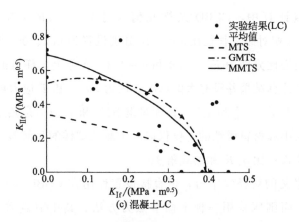

(c) 混凝土LC

图 6-59

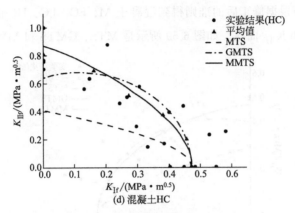

图 6-59　MTS、GMTS 和 MMTS 准则对混凝土（M、SC、LC 和 HC）

CCBD 试件断裂阻力 K_{If} 和 K_{IIf} 的预测曲线与实验值对比

则对混凝土 4 种试件断裂阻力 K_{If} 和 K_{IIf} 的预测曲线与实验值对比。可以发现，GMTS 准则求解得到的混凝土 M、SC、LC、HC 的断裂阻力 K_{If} 和 K_{IIf} 预测曲线与实验结果很是一致；GMTS 准则对 I-II 混合型实验结果吻合较好，而对 II 型主导裂纹有一定偏差；传统 MTS 准则预测曲线与实验结果偏差较大，特别是对于 II 型主导的裂纹类型。

　　了解认识围压对岩石、混凝土材料的力学行为影响，对地下油气井下开采和现代石油开采、页岩气勘探，深井下作业等实际应用中具有重要意义。下面我们针对围压作用下，CCBD 试件裂纹尖端的断裂参数开展数值研究。如图 6-60 所示。

　　在数值计算中，CCBD 试样几何尺寸如下：$2R = 70\text{mm}$，$B = 30\text{mm}$，并且相对裂纹长径比 $\alpha = a/R$ 分别设置为 0.2、0.4 和 0.6。杨氏模量和泊松比分别为 $E = 1000$ 和 $\nu = 0.3$。实际上，任意的杨氏模量和泊松比对计算结果并没有大的影响，因为 $SIFs$ 和 T 应力可转化为无量纲的形式 K_I^*、K_{II}^* 和 T^*，该无量纲 SIF 和 T 应力是独立于载荷大小、试样大小和材料属性的，仅仅取决于测试试样的几何形状和加载位置，如裂纹长径比 a/R 和加载角 β。

　　其中定义的对径集中力，可直接设置作用在 CCBD 试样的模型上下节点上；而围压采用一种平衡节点力方法。其中节点力 F_i（$i = 1$，$2, \cdots, n_b$，其中 n_b 是圆盘边界平均分布的节点的个数）大小是相等的，最高点及最低点达到最大值，随后沿圆周向两侧逐渐减小。

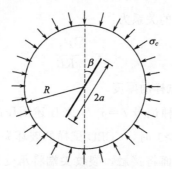

(a) CCBD试样仅承受围压作用

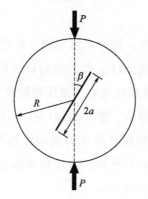

(b) CCBD试样仅承受对径集中力作用

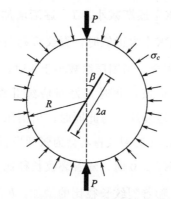

(c) CCBD承受围压和对径集中力共同作用

图 6-60 CCBD 试样的示意

并均匀地分布在 CCBD 试件的圆周上,其方向指向圆盘中心。则围压 σ_c 和平衡节点力之间的关系为:

$$\sigma_c = \frac{\sum F_i}{2\pi RB} \qquad (6-5)$$

式中　B——CCBD 试样的厚度。

另外本节采用一种记号 $t = \sigma_c/\sigma$ 来描述围压的大小,其中 $\sigma = P/\pi RB$。当围压系数 $t > 1$ 时,CCBD 试样的破坏失效不再是一个纯断裂问题,事实上,裂纹面将接触,裂纹尖端将承受压剪应力,这将导致 CCBD 试样在较大围压时 ($t > 1$) 发生压剪破坏。因此,这里仅仅考虑围压 $t \leqslant 1$ 的情况。

通过相互作用积分法,可以求解得到一系列不同围压和裂纹长径比下 CCBD 试样裂纹尖端的 $SIFs$ 和 T 应力,结果如图 6-61 和图 6-62 所示,图 6-61 和图 6-62 清楚地说明了围压和裂纹长径比对 $SIFs$ 和 T 应力的大小有至关重要的影响。图 6-61(a)~(e) 和图 6-62(a)~(c) 让我们更清楚地理解了围压和对径集中力共同作用下 CCBD 试样的断裂行为。同时,我们发现从相互作用积分法得到结果和文献中权函数法[10]得到的结果有很好的一致性。

如图 6-61(a)~(e) 所示,当围压系数和裂纹长径比是一定值时,随着加载角的增加,K_{I}^* 逐渐减小,T^* 逐渐增加,K_{II}^* 先增加然后减小。当 I 型无量纲 $SIF K_{\mathrm{I}}^*$ 为正值时,裂纹将趋向于张开;当 K_{I}^* 为负值时,裂纹将趋向于闭合。当围压系数小于 1 时,在某个临界角 K_{I}^* 的值刚好从正值过渡到负值,此时正好对应纯 II 型裂纹,也就是说当 $K_{\mathrm{I}}^* = 0$ 时将发生纯 II 型裂纹。与此同时,当围压系数大于 1 时 K_{I}^* 总是负值,这意味着当 $t > 1$ 时裂纹将不会为张开型裂纹。较大的围压会使裂纹趋向于闭合。当 $K_{\mathrm{I}}^* > 0$ 时,随着裂纹长径比的增加,K_{I}^* 将增加;然而,当 $K_{\mathrm{I}}^* < 0$ 时,随着裂纹长径比的增加,K_{I}^* 将逐渐减小。最后,应该指出围压对 II 型裂纹没有影响,也即是说无论围压是多大,K_{II}^* 不会改变,这意味着 K_{II}^* 仅仅随着裂纹长径比的增加而增加。

随着加载角的增加,无量纲 T 应力 T^* 随着增加,并且总是在某个

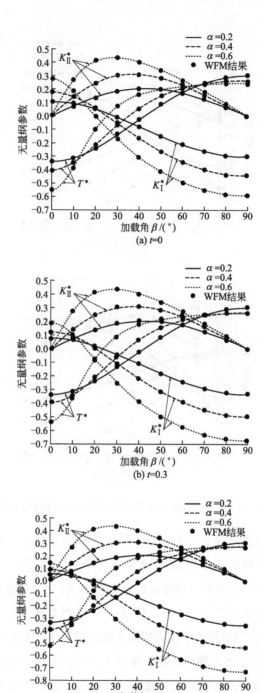

图 6-61

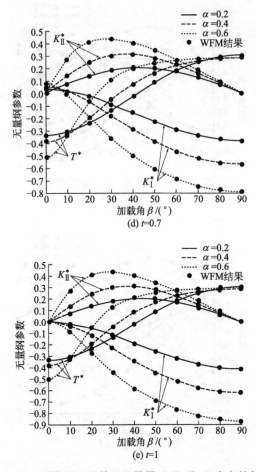

(d) $t=0.7$

(e) $t=1$

图 6-61 不同围压系数下无量纲 *SIFs* 和 *T* 应力的结果

临界角位置由负值转变为正值，这个临界角取决于裂纹长径比。可以发现无论Ⅰ型和Ⅱ型裂纹怎样耦合，无量纲的 T^* 的值总是负的。当裂纹长径比和加载角为一定值时，伴随着围压逐渐增大，K_I^* 逐渐减小，而 T^* 逐渐增加。当裂纹长径比较小时，例如 $\alpha=0.2$ 时如图 6-61(a) 所示，对 T^* 而言，同样的加载角度下随着围压系数的增加 T^* 仅仅有微弱的增加。

图 6-63 揭示了不同围压系数下纯Ⅰ型以及纯Ⅱ型裂纹的无量纲 *SIFs* 和 *T* 应力的计算结果。当裂纹长径比是一定值时，随着围压系数从 0 逐渐增加到 1，纯Ⅰ型裂纹的 K_I^* 和纯Ⅱ型裂纹的 K_{II}^* 都从正值逐渐减小到 0。如图 6-63 所示，纯Ⅰ型裂纹的 K_I^* 和纯Ⅱ型裂纹的 K_{II}^* 都是随着裂纹长径

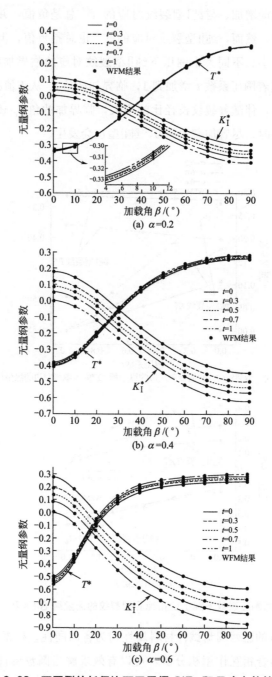

图 6-62 不同裂纹长径比下无量纲 *SIFs* 和 T 应力的结果

比的增加而逐渐增加。与纯Ⅰ型裂纹对应的 T^* 总是负值，并伴随着围压的增加而增加。然而，纯Ⅱ型裂纹对应的 T^* 也总是负值，但是却随着围压的增加而减小。不同大小围压下纯Ⅱ型裂纹对应的临界加载角 β_c 如图 6-64 所示。随着围压系数 t 增加到 1，临界加载角 β_c 从正值减小到 0。围压大小一定时，伴随着裂纹长径比的增大，临界加载角 β_c 逐步减小。当围压系数为 1 时，尽管加载角为 0，纯Ⅱ型也会发生。

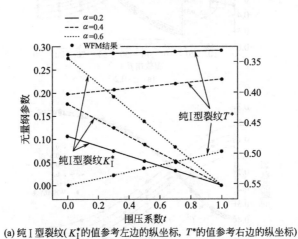

(a) 纯Ⅰ型裂纹(K_{I}^* 的值参考左边的纵坐标, T^* 的值参考右边的纵坐标)

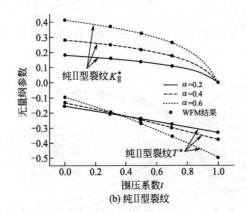

(b) 纯Ⅱ型裂纹

图 6-63　不同围压系数下纯Ⅰ型和纯Ⅱ型裂纹的无量纲 SIFs 和 T 应力的结果

以上分析的巴西圆盘试件材料属性均为各向同性。根据 LMR-XFEM 的特点，并结合相互作用积分法，可以有效求解当圆盘属性为非均质情况下，围压对中心裂纹尖端断裂参数的影响。算例如图 6-65 所示。

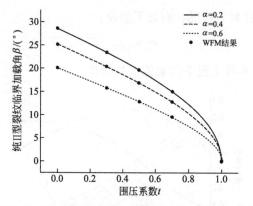

图 6-64　不同围压下纯Ⅱ型裂纹对应的临界加载角

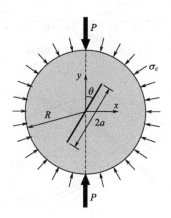

(a) 功能梯度材料

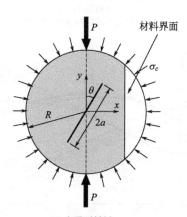

(b) 含界面材料

图 6-65　CCBD 试件同时承受径向力和围压作用

对于功能梯度材料的情况，有如下假设：

$$E(r) = \bar{E}\,e^{\beta r}\ ;\ r = \sqrt{x^2 + y^2} \tag{6-6}$$

图 6-66 给出了不同工况下的数值模拟结果。

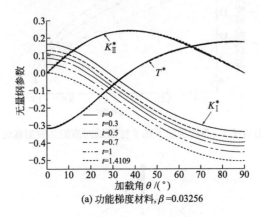

(a) 功能梯度材料，$\beta = 0.03256$

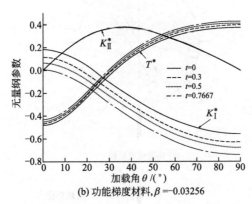

(b) 功能梯度材料，$\beta = -0.03256$

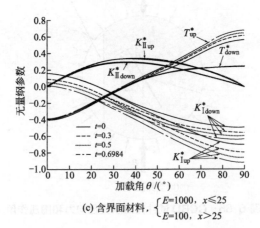

(c) 含界面材料，$\begin{cases} E=1000, & x \leqslant 25 \\ E=100, & x>25 \end{cases}$

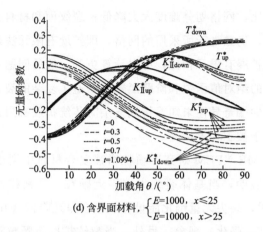

(d) 含界面材料, $\begin{cases} E=1000, & x\leqslant25 \\ E=10000, & x>25 \end{cases}$

图 6-66　无量纲化的 SIFs 和 T 应力 （α = 0.4)

可以发现，LMR-XFEM 针对非均质巴西圆盘时也可以高效地进行计算。在改变裂纹倾斜角时，最初的结构化的网格保持不变。更多的关于围压对断裂参数影响的分析读者可以参考文献 [11]。在本书研究的框架内，包括材料的物理本质、载荷、裂纹形式等，LMR-XFEM 均可以获得精确的位移场、应力场。为后处理过程中采用不同的计算方法获取裂尖断裂参数打下了良好的基础。

6.4　总结与展望

在第 6 章中，根据 LMR-XFEM 的应用范围和特点，采用线弹性断裂力学中大量的经典案例，从均质材料、含界面材料、静载荷和动载荷等方面全面验证了该方法在处理裂纹起裂和稳定扩展问题时的优势。同时，发展了传统的相互作用积分法，使之能够用于求解积分区域内包含材料界面时裂尖的静、动态应力强度因子，拓宽了相互作用积分的使用范围。将上述两种方法结合，构建了一个适合求解含复杂界面材料静、动态断裂问题的数值方法，为实际工程应用提供了一种有力的工具[12-14]。将这些工作总结如下。

① LMR-XFEM 同时具备了有限元法和扩展有限元法的优点：当裂尖靠近夹杂（颗粒）时可获得精确的应力强度因子和 T 应力；与传

统有限元法相比，网格划分难度大大降低；裂纹面和材料界面均无需与单元边界一致，仍独立于所采用的网格，即扩展有限元法最大的优势得以保留；但与扩展有限元相比，可以计算更为一般的问题；选取的增强函数只是普通的绝对值函数和阶跃函数，回避了复杂的裂尖场，该方法可以解决裂纹尖端奇异性未知或特别复杂时传统扩展有限元法难以应用的问题，更易于被工程界接受。

② 应用 LMR-XFEM 研究了颗粒增强复合材料中裂纹的准静态扩展行为。研究表明，当基体裂纹尖端靠近颗粒，且颗粒弹性模量大于（小于）基体时，裂尖无量纲化能量释放率会呈现降低（升高）的趋势，即裂尖"钝化"（强化）现象。另外，当裂纹扩展至颗粒附近时其扩展轨迹才会发生明显变化，而当裂尖距离颗粒较远时能量释放率就受到很大的影响。当裂纹扩展越过颗粒时，能量释放率会呈现升高的趋势，之后随着裂尖远离颗粒而回归单一材料时的情形。颗粒间距越小，裂纹穿过时能量释放率的波动幅度就越大，甚至可能产生极其明显的裂尖"强化"现象。当裂尖靠近颗粒时会导致临近的材料界面上应力非常大，容易导致界面脱粘。颗粒与基体间的界面脱粘会对基体裂纹扩展产生吸引作用，同时在一定程度上提高了裂尖无量纲化能量释放率。

③ 通过选择不兼容形式的辅助场，发展了求解二维裂尖动态应力强度因子的相互作用积分法。与已有的相互作用积分表达式相比，新的积分表达式中不包含任何材料属性的导数项，而且可以计算积分区域内包含其他材料界面的情况，更具有一般性且容易求解。将相互作用积分与 LMR-XFEM 结合，求解了典型的动态断裂问题，证明了该相互作用积分的有效性及路径无关性。考察了颗粒位置及属性对基体裂纹尖端动应力强度因子的影响。结果表明，动载荷作用下，颗粒的存在仍然会导致裂尖"钝化"及"强化"现象的发生，且基本规律与静载荷时相同。颗粒与基体模量之比对裂纹尖端场有着重要的影响。当颗粒弹性模量大于基体时，使得裂尖动态应力强度因子减小，颗粒弹性模量小于基体时使得该值增大。

④ 应用 LMR-XFEM 研究了颗粒增强复合材料中疲劳裂纹的扩展问题。研究表明，在一定的载荷及边界条件下，裂尖附近存在颗粒且颗

粒弹性模量大于基体时材料的疲劳寿命会得到提高；反之，则会降低。碳化硅增强铝基复合材料中，颗粒以均匀式分布时疲劳裂纹扩展速率受到抑制的可能性更大，因此裂纹扩展的平均速率往往要低于颗粒团簇分布时的情况。

⑤ 研究了准静态载荷下混凝土 CCBD 试件的断裂行为，采用 LMR-XFEM 模拟并结合相关的实验讨论了修正的最大切向应力准则的适用性。LMR-XFEM 和相互作用积分法的组合可被方便地用于研究围压对巴西圆盘中心裂纹尖端断裂参数的影响。

在这些研究的基础上有以下问题有待进一步探讨。

（1）方向一：颗粒增强复合材料的断裂行为研究

颗粒复合材料由一种或多种颗粒材料散布在一种基体材料中组成，因其具有比强度高、比刚度高、耐磨性好、耐疲劳、耐腐蚀等优点，广泛应用于航空航天、军事武器、汽车、电子、体育器材等领域。由于生产工艺的限制，颗粒复合材料内部通常存在一些孔洞、脱粘等形式的缺陷，加之该材料的服役环境较为恶劣，这些缺陷极易导致该材料发生断裂破坏。颗粒复合材料断裂过程非常复杂，受很多因素影响，包括颗粒的形状、尺寸、体积分数、分布形式、界面的细观结构形式、制造过程中出现的缺陷及实验条件等。对于宏观属性相同但细观结构千差万别的颗粒复合材料，仅凭实验方法对其断裂行为进行统计研究成本太高。理论方法无法直接分析该材料的断裂行为，通常需要借助细观力学理论对材料进行宏观均匀化，而这种均匀化方法难以充分考虑材料的细观结构信息。数值方法灵活可靠，可以针对颗粒尺度下的材料细观结构进行建模计算，故此成为学者研究颗粒复合材料断裂力学行为的主要途径。可从以下几个方面开展研究：

① 界面传递载荷的能力以及相关力学响应仍然有待研究。

② 研究动载荷作用下颗粒增强复合材料的断裂行为，对制备和评估该复合材料体系具有更实际的指导意义。

③ 动载荷下，界面裂纹尖端断裂参数的有效提取和对应的数值模拟方法还有待完善。

④ 进一步研究并建立颗粒增强复合材料三维断裂问题的细观模型

具有较强的实用价值。

（2）方向二：结合混凝土、岩石的巴西圆盘实验的数值模拟

① 本章讨论了含纯Ⅰ型、Ⅰ-Ⅱ混合型以及纯Ⅱ型裂纹的 CCBD 试件的断裂行为。而当加载角逐渐增大，大于纯Ⅱ型裂纹对应的临界角时，此时裂纹尖端将承受压、剪应力状态，试件的破坏模式和机制有待深入研究。而基于非连续性分析的数值模拟方法可能会表现出更好的适用性。

② 针对围压下 CCBD 试样的破坏失效，该建立怎样的断裂准则有待进一步研究。

③ 模拟 SHPB 实验，即不同应变率下 CCBD 试件的断裂行为，讨论混凝土 CCBD 试件动态起裂韧度的率效应的研究工作还相对较少。

④ 动态加载下，混凝土材料除了存在率效应之外，还需考虑其尺寸效应。当这两者耦合在一起时，需要大量的实验数据支撑分析，对实验条件的要求也极为苛刻。而此时数值解法更为经济和适用。将本章给出的 LMR-XFEM 的思想与商业软件平台结合可为解决这类问题提供一种新的有效途径。

参考文献

［1］ Civelek M B, Erdogan F. Crack Problems for a Rectangular Plate and an Infinite strip ［J］. International Journal of Fracture, 1982, 19 (2): 139-159.

［2］ Williams R C. SGBEM Analysis of Crack-Particles Interactions due to Elastic Constants Mismatch ［J］. Engineering Fracture Mechanics, 2007, 74 (3): 314-331.

［3］ Hwu C, Liang Y K, Yen W J. Interactions between Inclusions and Various Types of Cracks ［J］. International Journal of Fracture, 1995, 73 (4): 229-245.

［4］ Bush M B. The Interaction between a Crack and a Particle Cluster ［J］. International Journal of Fracture, 1997, 88 (3): 215-232.

［5］ Song S H, Paulino G H. Dynamic Stress Intensity Factors for Homogeneous and Smoothly Heterogeneous Materials using the Interaction Integral Method ［J］. International Journal of Solids and Structures, 2006, 43 (16): 4830-4866.

［6］ Kalthoff J F. Modes of Dynamic Shear Failure in Solids ［J］. International Journal of Fracture, 2000, 101 (1-2): 1-31.

［7］ Belytschko T, Chen H. Singular Enrichment Finite Element Method for Elastodynamic Crack Propagation ［J］. International Journal of Numerical Methods in Engineering, 2004, 1 (1): 1-15.

［8］ Singh I V, Mishra B K, Bhattacharya S, Patil R U. The Numerical Simulation of Fatigue Crack Growth using Extended Finite Element Method ［J］. International Journal of Fatigue, 2012, 36 (1): 109-119.

[9] Hou C, Wang Z Y, Liang W G, Li J B, Wang Z H. Determination of fracture parameters in center cracked circular discs of concrete under diametral loading: A numerical analysis and experimental results [J]. Theoretical & Applied Fracture Mechanics, 2016, 85: 355-366.

[10] Hua W, Li Y, Dong S, et al. T-stress for a centrally cracked Brazilian disk under confining pressure [J]. Engineering Fracture Mechanics, 2015, 149: 37-44.

[11] Hou C, Wang Z Y, Liang W G, Yu H J, Wang Z H. Investigation of the effects of confining pressure on SIFs and T-stress for CCBD specimens using the XFEM and the interaction integral method [J]. Engineering Fracture Mechanics, 2017, 178: 279-300.

[12] Wang Z Y, Ma L, Wu L Z, Yu H J. Numerical simulation of crack growth in brittle matrix of particle reinforced composites using the xfem technique [J]. Acta Mechanica Solida Sinica, 2012, 21 (1): 9-21.

[13] Wang Z Y, Ma L, Yu H J, Wu L Z. Dynamic stress intensity factors for homogeneous and non-homogeneous materials using the interaction integral method [J]. Engineering Fracture Mechanics, 2014, 128 (16): 8-21.

[14] Wang Z Y, Yu H J, Wang Z H. A local mesh replacement method for modeling near-interfacial crack growth in 2D composite structures [J]. Theoretical & Applied Fracture Mechanics, 2014, 75: 70-77.

附录

附录 1　J 积分

　　断裂力学主要是研究带裂纹体的脆性断裂和韧性断裂，对于塑性大变形引起的破坏不在研究范围之内。像高强钢、硬铝、钛合金、有机玻璃和环氧树脂等都是脆性的。然而大多数金属材料都是中、低强度的，裂纹尖端附近区域都有较大的、不可忽略的塑性变形，这时线弹性断裂力学已经不再适用，因此有必要用弹塑性断裂力学的方法来分析这类材料的裂纹问题。但是用弹塑性力学要直接获得裂纹尖端区的应力场和应变场是相当复杂和困难的。所以，必须避开直接求解裂纹尖端区的基本场，而改为寻求一个力学参量，可以综合度量裂纹尖端应力、应变场的强度，并且可根据这个参量来建立韧性断裂的判据，最后建立一套实验方案来验证理论的可靠性。J 积分就是在上述背景下产生的。

　　J 积分的路径是一条围绕裂纹尖端的围道（假设用 C 表示），因此它也被称为围道积分，如第 5 章图 5-1 所示。围道要求光滑、没有交叉点，且所围绕的面积在线路方向的左侧，是从裂纹下表面一点 P 开始，沿着逆时针方向而到达裂纹上表面对应的一点 P'。积分线路元素用 ds 表示，其外法线单位向量为 $\hat{n}$，同时有面力 T 作用于 ds 元素上。线路内部面积为 A。Rice 指出，围道外部对内部做功的速率大于或等于储

存于 A 中内能的改变率和不可恢复的损耗能量率之和。用公式可以表示为：

$$\int_C T_i \frac{\mathrm{d}u_i}{\mathrm{d}t}\mathrm{d}s \geqslant \frac{\mathrm{d}}{\mathrm{d}t}\int_A W_1 \mathrm{d}A + \frac{\mathrm{d}D}{\mathrm{d}t} \qquad (\text{附-1})$$

式中，T_i 为面力分量，与应力关系为 $T_i = \sigma_{ij}n_j$。n_j 是 $\hat{n}$ 在 x 方向或 y 方向的投影。u_i 为位移分量。W_1 为内能密度，D 为损耗能。根据爱因斯坦求和约定，上式中的第一项有 i 重复出现，相当于求和的意思。当大于成立时，表示裂纹扩展，动能在改变。假设是准静态，等号成立。设损耗能只用来形成裂纹新表面，则有 $\mathrm{d}D/\mathrm{d}t = G\mathrm{d}a/\mathrm{d}t$。$G$ 为一参数，a 是裂纹长度或半长，可将式（附-1）改写成：

$$\int_C T_i \frac{\mathrm{d}u_i}{\mathrm{d}t}\mathrm{d}s = \frac{\mathrm{d}}{\mathrm{d}t}\int_A W_1 \mathrm{d}A + G \frac{\mathrm{d}a}{\mathrm{d}t} \qquad (\text{附-2})$$

因为准静态的裂纹，a 可为变数，有：

$$\frac{\mathrm{d}}{\mathrm{d}t} = \frac{\partial}{\partial a}\frac{\mathrm{d}a}{\mathrm{d}t} \qquad (\text{附-3})$$

将式（附-3）代入式（附-2），可得：

$$\int_C T_i \frac{\partial u_i}{\partial a}\frac{\mathrm{d}a}{\mathrm{d}t}\mathrm{d}s = \frac{\mathrm{d}a}{\mathrm{d}t}\frac{\partial}{\partial a}\int_A W_1 \mathrm{d}A + G \frac{\mathrm{d}a}{\mathrm{d}t} \qquad (\text{附-4})$$

在准静态时，$\dfrac{\mathrm{d}a}{\mathrm{d}t}$ 可视为一不为零且与坐标无关的量。可提到积分号外并约去。于是式（附-4）变为：

$$\int_C T_i \frac{\partial u_i}{\partial a}\mathrm{d}s = \frac{\partial}{\partial a}\int_A W_1 \mathrm{d}A + G \qquad (\text{附-5})$$

若取坐标原点始终在裂纹尖端点，则随裂纹准静态扩展，当 a 增加时，x 反而减小，有 $\mathrm{d}x = -\mathrm{d}a$。此时，可将式（附-5）变为：

$$G = \int_A \frac{\partial W_1}{\partial x}\mathrm{d}A - \int_C T_i \frac{\partial u_i}{\partial x}\mathrm{d}s \qquad (\text{附-6})$$

原则上，线路 C 并不封闭，但因裂纹上、下表面间距可视为零，加上平面裂纹问题或反平面剪切裂纹问题的对称性，内能密度 W_1 在 P 和 P' 是相同的，因此数学上的格林定理是适用的，格林定理可表示为：

$$\int_A \left(\frac{\partial Q}{\partial x} - \frac{\partial P}{\partial y}\right)\mathrm{d}x\,\mathrm{d}y = \int_C P\,\mathrm{d}x + Q\,\mathrm{d}y \qquad (\text{附-7})$$

这里 $Q=W_1$，$P=0$，式（附-6）可改写为：

$$G = \int_C W_1 \mathrm{d}y - T_i \frac{\partial u_i}{\partial x} \mathrm{d}s \qquad (\text{附-8})$$

综上所述，式（附-1）实际上是 Irwin-Orowan 能量平衡公式在围绕裂纹尖端区域里的形式。其基本观念仍是 Griffith 能量释放的观念，即能量释放在裂纹尖端处，且用来形成新的裂纹面积，若要释放的能量足够大，可以形成裂纹新面积，则 G 必与表面能 γ_p 有关。若式（附-8）等号右边的值不够大，即不足以形成新的裂纹面积，则 G 可用来衡量释放能量的倾向能力。对于线弹性体，G 即为 Griffith 的能量释放率。对含裂纹的弹塑性问题，若内能只是指应变能，则 G 代表着综合地衡量线路 C 内部应力应变场强度的力学参量。该表达式由 Rice 首先获得，因此用 James Rice 名字的第一个字母 J 来代表。为了表达方便起见，用符号 W 来代替 W_1。W 是应变能密度。这样，式（附-8）就变为 Rice 的 J 积分表达式：

$$J = \int_C W \mathrm{d}y - T_i \frac{\partial u_i}{\partial x} \mathrm{d}s \qquad (\text{附-9})$$

已有的研究已经证明了线弹性体平面应变 I 型裂纹尖端区域的 J 积分值等于能量释放率。积分路线是以裂纹尖端为原点的圆形线路，如果线路不同，计算结果仍然是相同的，即 J 积分具有路径无关的性质。

这一关系在平面应力的时候也是成立的。因此，有：

$$J_{\mathrm{I}} = G_{\mathrm{I}} \qquad (\text{附-10})$$

对于 II 型裂纹或 III 型裂纹，就线弹性体来说，类似的关系仍然存在，即

$$J_{\mathrm{II}} = G_{\mathrm{II}} ; J_{\mathrm{III}} = G_{\mathrm{III}} \qquad (\text{附-11})$$

复合型裂纹时，有：

$$J = J_{\mathrm{I}} + J_{\mathrm{II}} + J_{\mathrm{III}} = G_{\mathrm{I}} + G_{\mathrm{II}} + G_{\mathrm{III}} \qquad (\text{附-12})$$

上式成立是基于 Irwin 的假设，即裂纹沿着原来的方向扩展，从而建立了 G 与应力强度因子之间的关系。严格地说，除 I 型裂纹之外，其余不沿着原方向扩展的裂纹类型所计算的 J 积分值，也和能量释放率一样是近似值。如果裂纹尖端区域的塑性区已经大到不可忽略，此时计算的 J 积分值是否任何线弹性体的结果一致。可以想象，当塑性比

较小时（小范围屈服），虽然塑性区内的应力和位移场均不清楚，但塑性区外仍可用线弹性力学计算的结果近似来表达，于是式（附-10）～式（附-12）仍然成立。若是塑性变形相当大，此时应力强度因子已不再能表达裂纹尖端应力场的强度，线弹性力学给出的应力、位移场在塑性区外也一样不适用，此时式（附-10）～式（附-12）不再成立。这时 J 积分就成为衡量有塑性变形时裂纹尖端区域应力应变场强度的力学参量。由于 J 积分可以适用于弹塑性变形的情形，而避免直接计算裂纹尖端复杂的应力场，这时 J 积分对断裂力学的重大贡献。

和 Griffith 弹性能量释放率 G 一样，J 积分是一种能量观念的力学参量。单边裂纹在给定的面力下，J 积分可以表示为：

$$J = -\frac{\partial}{\partial a}\left[\int_A W\,\mathrm{d}A - \int_{C_1} Tu_i\,\mathrm{d}s\right] \qquad （附-13）$$

这里任意积分路线 C 已被紧贴着平板边界的线路 C_1 所取代。假设整个平板面积为 A，即路线 C_1 所包围的面积。这样的线路取代，并不影响 J 积分值。在固定区域边界 Γ 上，一部分 Γ_t 是给定面力，另一部分 Γ_u 是给定位移。因此式（附-13）中的线积分部分只在 Γ_t 上积分，而在 Γ_t 上的面力将不受裂纹长度准静态改变的影响。这样就可将式（附-13）改写成：

$$J = -\frac{\partial}{\partial a}\left[\int_A W\,\mathrm{d}A - \int_{\Gamma_t} T_i u_i\,\mathrm{d}s\right] = -\frac{\partial}{\partial a}[U-L] \qquad （附-14）$$

这里 U 是平板的总应变能，L 是外界对此弹塑性平板所作的功，分别是上式中两个积分对应的值。根据总势能 V 的定义，有 $V=U-L$。所以 J 积分可以表达为：

$$J = -\frac{\partial V}{\partial a} \qquad （附-15）$$

上式表明，对于含裂纹的弹塑性板，J 积分就是当裂纹长度改变一个单位长度时，每单位厚度势能的改变量。不论边界条件是给定面力或给定位移，系统的势能总是随着裂纹增长而减小。故 J 积分值恒为正值。严格地说，J 积分所使用的弹塑性板时非线弹性体或简单加载（不允许有卸载）的弹塑性体。如果在塑性变形时给予卸载，则载荷历史将有不可忽略的影响。只有弹性体和简单加载的弹塑性体，式（附-15）才能成立。如果弹塑性板含有两个以上的裂纹端点（内部裂纹），环绕每一个裂纹尖端点，恰当地选择正方向（逆时针方向）的积分线路，则在弹塑性板内部的积分因方向相反，线路重叠而抵消，于是，围绕每个裂纹尖端点的 J 积分值之和相当于沿着板边界积分的 J 积分值，此时式（附-15）仍然成立，但其代表着系统的总 J 积分值，而不是单指某一裂纹尖端点的值。由于 J 积分代表能量的意义，因此，对只有一个裂纹尖端或每个尖端的 J 积分相同的弹塑性板，可利用总势能随裂纹长度的改变来标定 J 积分域裂纹长度间的关系。此处不再详述。

对含裂纹的非线性弹性体，J 积分起裂判据是能量释放率判据的推广。对于含裂纹的弹塑性体，使用 J 积分判据必须谨慎。弹塑性体的材料在断裂前往往在裂纹尖端区域甚至更大的范围内有相当大的塑性变形，因此，起裂前必须克服塑性变形才能发生裂纹扩展，直到失稳断裂。而这种起裂后的裂纹扩展通常是亚临界的，因此，随着裂纹的亚临界扩展，不可避免地在裂纹尖端区域带来局部的卸载。此时 J 积分值能否继续作为衡量裂纹尖端区域应力应变场强度的力学参量，需要进一步探讨。所以 J 积分判据只能做简单加载时，含裂纹弹塑性体的起裂判据，而不能做失稳断裂判据。对非线性弹性体和简单加载的弹塑性体，裂纹起裂判据为：

$$J \geqslant J_i \tag{附-16}$$

这里，J_i 为起裂的 J 积分值。由于 I 型裂纹是最常见的，J 积分理论也主要用于 I 型裂纹。起裂后很快发生失稳断裂的起裂 J 积分值用 J_{IC} 表示，此时有 J 积分起裂判据或断裂判据 $J \geqslant J_{IC}$。对大部分金属材料，必须在相当严格的试件尺寸要求下，才能测出材料常数 J_{IC}。脆性材料的 J_{IC} 值与平面应变的 G_{IC} 值相当，随着材料的韧性增加或试件的尺寸不够规格，J_i 可能会偏离 G_{IC}。因此用下式来换算 K_{IC}：

$$J_{IC} = \frac{K_{IC}^2}{E_1} \tag{附-17}$$

该式只在脆性断裂时才成立。对于一般中、低强度钢，在不易测得 J_{IC} 的情况下通常用阻力曲线来表示 J 积分断裂韧性。

其他方面，J 积分避开了裂纹尖端区域复杂的应力应变场的计算，而用积分值综合衡量了应力应变场的强度。在裂纹尖端前有狭长条形塑性区时，如果选择积分线路的起止点在裂纹尖端区的裂纹面上，并让线路紧贴着塑性区的边缘，则只要知道塑性区内拉伸应力与张开位移的关系，就可得到 J 积分域 $CTOD$ 的关系式。$CTOD$ 也是一个宏观的、断裂力学表征参量。工程上常用的构件的 $CTOD$ 表达式通常是经过实验检验过的半理论半经验的公式，而 $CTOD$ 判据常被用于压力容器的断裂行为研究中，需要的读者可查阅相关专业书籍。

附录 2　Westergaard 应力函数法

下面介绍求应力强度因子的一种解析法，即 Westergaard 应力函数法。它是求应力强度因子最简单的方法之一。首先引出线弹性力学中的平面问题和反平面剪切问题。

假设有一平板，定义垂直于平板的方向为 z，如果平板很厚，其内部不易沿 z 方向变形。则 $\varepsilon_z = \gamma_{xz} = \gamma_{yz} = 0$，这是平面应变条件。厚平板内部通常就认为具有平面应变条件。

此时，存在的应变只有 ε_x、ε_y 和 γ_{xy}；应力则只有 σ_x、σ_y、τ_{xy} 和 σ_z。由应力应变关系：

$$\varepsilon_z = \frac{1}{E}[\sigma_z - \nu(\sigma_x + \sigma_y)] = 0 \qquad (\text{附-18})$$

可得：

$$\sigma_z = \nu(\sigma_x + \sigma_y) \qquad (\text{附-19})$$

这里 E 代表弹性模量，ν 代表泊松比。

若平板很薄，且没有 z 方向的载荷，则沿 z 方向的应变几乎不受限制或认为没有约束。故有 $\sigma_z \simeq \tau_{xz} \simeq \tau_{yz} \simeq 0$，这是平面应力的情况。平面应变和平面应力时，$x$ 方向和 y 方向的位移分量 u 和 v，没有或不考虑 z 方向的位移分量 w。所有的位移、应变和应力分量都只是坐标 x 和 y 的函数，故平面应变问题和平面应力问题都是二维问题，统称为平面问题，是将三维问题在特定条件下的简化。此时，平衡方程和几何关系均相同，而物理关系仅系数有所不同。

反平面剪切问题是指一弹性体只有 γ_{xz} 和 γ_{yz} 两个应变分量，对应的应力分量为 τ_{xz} 和 τ_{yz}，它们是 x 和 y 的函数，其余应变分量均为零的情形。此时，只有 z 方向位移分量 w 的存在，它也只是 x 和 y 的函数。

平面问题的平衡方程为：

$$\frac{\partial \sigma_x}{\partial x} + \frac{\partial \tau_{xy}}{\partial y} = 0$$

$$\frac{\partial \tau_{xy}}{\partial x} + \frac{\partial \sigma_y}{\partial y} = 0 \tag{附-20}$$

几何关系为：

$$\varepsilon_x = \frac{\partial u}{\partial x}$$

$$\varepsilon_y = \frac{\partial v}{\partial y}$$

$$\gamma_{xy} = \frac{\partial u}{\partial y} + \frac{\partial v}{\partial x} \tag{附-21}$$

物理关系为：

$$\varepsilon_x = \frac{1}{E_1}(\sigma_x - \nu_1 \sigma_y)$$

$$\varepsilon_y = \frac{1}{E_1}(\sigma_y - \nu_1 \sigma_x)$$

$$\gamma_{xy} = \tau_{xy}/\mu \tag{附-22}$$

这里的 μ 为剪切模量，且

$$E_1 = \begin{cases} \dfrac{E}{1-\nu^2} \text{平面应变} \\ E \text{ 平面应力} \end{cases} \tag{附-23}$$

应力函数定义为：

$$\sigma_x = \frac{\partial^2 \Psi}{\partial x^2},\ \sigma_y = \frac{\partial^2 \Psi}{\partial y^2},\ \tau_{xy} = -\frac{\partial^2 \Psi}{\partial x \partial y} \tag{附-24}$$

将上式代入平衡方程式(附-18)，可自动满足。协调方程为：

$$\frac{\partial^2 \varepsilon_x}{\partial y^2} + \frac{\partial^2 \varepsilon_y}{\partial x^2} - \frac{\partial^2 \gamma_{xy}}{\partial x \partial y} = 0 \tag{附-25}$$

将式（附-22）和式（附-24）代入式（附-25）中，可以得到双调和方程：

$$\nabla^4 \Psi = \nabla^2(\nabla^2 \Psi) \qquad (\text{附-26})$$

采用极坐标时，应力函数 Ψ 和应力分量的关系变为：

$$\sigma_r = \frac{1}{r}\frac{\partial \Psi}{\partial r} + \frac{1}{r^2}\frac{\partial^2 \Psi}{\partial \theta^2}$$

$$\sigma_\theta = \frac{\partial^2 \Psi}{\partial r^2}$$

$$\tau_{r\theta} = -\frac{\partial}{\partial r}\left(\frac{1}{r}\frac{\partial \Psi}{\partial \theta}\right) \qquad (\text{附-27})$$

此时，双调和方程式仍然成立。但 Laplace 算子用极坐标表示为：

$$\nabla^2 = \frac{\partial^2}{\partial r^2} + \frac{1}{r}\frac{\partial}{\partial r} + \frac{1}{r^2}\frac{\partial^2}{\partial \theta^2} \qquad (\text{附-28})$$

另一种特殊情况时只有 z 方向位移分量 w，并且 w 只是 x 和 y 的函数，这是反平面剪切问题。此时存在的应变仅有 γ_{xz} 和 γ_{yz}，与位移 w 的关系为：

$$\gamma_{xz} = \frac{\partial w}{\partial x}、\gamma_{yz} = \frac{\partial w}{\partial y} \qquad (\text{附-29})$$

应力应变关系为：

$$\tau_{xz} = \mu\gamma_{xz}、\tau_{yz} = \mu\gamma_{yz} \qquad (\text{附-30})$$

将上两式代入平衡方程后有：

$$\frac{\partial \tau_{xz}}{\partial x} + \frac{\partial \tau_{yz}}{\partial y} = 0 \qquad (\text{附-31})$$

调和方程为：$\nabla^2 w = 0$。当采用极坐标时，调和方程仍然成立。但应变分量、应力分量和位移分量的关系为：

$$\tau_{rz} = \mu\gamma_{rz} = \mu\frac{\partial w}{\partial r}$$

$$\tau_{\theta z} = \mu\gamma_{\theta z} = \frac{\mu}{r}\frac{\partial w}{\partial \theta} \qquad (\text{附-32})$$

上面给出的双调和方程和调和方程分别是平面问题和反平面剪切问题的控制方程。只要能得出控制方程的解，并使解满足边界条件，则应力分量、应变分量和位移分量都可以求得。但实际上这种求解过程是非常复杂和困难的，能够用这种解法求解的问题并不多。

应力转换的通式可用张量符号表示如下：

$$\sigma'_{ij} = l_{im} l_{jn} \sigma_{mn} \qquad \text{（附-33）}$$

这里的 σ'_{ij} 和 σ_{mn} 代表不同坐标系的应力分量；等式右边的下标符号重复出现时表示将所有分量求和；l_{ij} 代表方向余弦。坐标转换关系和应力分量的表达此处不再详细给出。

定义复变数 $z=x+iy$，它的共轭复变数为 $\bar{z}=x-iy$。一个实函数若是变数 x 和 y 的函数，将变数 x 和 y 改为 z 和 $\bar{z}$ 后，此函数写成新函数形式时仍具有实值。因此，双调和方程中的 Airy 应力函数 $\Psi(x,y)$ 可改写成：

$$\Psi(x,y)=\Psi(x(z,\bar{z}),y(z,\bar{z}))=\Phi(z,\bar{z}) \qquad \text{（附-34）}$$

若是反平面剪切问题，其唯一的位移分量 w 可改写成：

$$w(x,y)=W(z,\bar{z}) \qquad \text{（附-35）}$$

w 和 W 的值相等，但函数形式不同。经过一系列复杂的推导，可以得到应力和位移的复变函数表达式如下所示：

$$\sigma_x+\sigma_y=2[\psi'(z)+\overline{\psi'(z)}]$$
$$\sigma_y-\sigma_x+2i\tau_{xy}=2[\phi''(z)+\bar{z}\psi''(z)]$$
$$2\mu(u+iv)=\kappa\psi(z)-z\overline{\psi'(z)}-\overline{\phi'(z)} \qquad \text{（附-36）}$$

平面应变时 $\kappa=3-4\nu$；平面应力时 $\kappa=(3-\nu)/(1+\nu)$。

按照平面问题的方法，同理可得到反平面剪切问题中位移和应力分量的复变函数表达式：

$$w=Re[f(z)]$$
$$\tau_{xz}-i\tau_{yz}=\nu f'(z) \qquad \text{（附-37）}$$

复变函数表达中的 Re 代表实部，Im 代表虚部。而复变应力函数法，把本来求解双调和方程或调和方程，改为寻找满足边界条件的复变应力函数。对Ⅰ、Ⅱ型裂纹问题，式（附-36）和式（附-37）还可简化，只用一个复变函数表达式就已足够，这个复变函数就称为 Westergaard 应力函数。对于Ⅰ型裂纹问题有如下表达：

$$\begin{cases} \sigma_x=Re[Z_I]-yIm[Z'_I] \\ \sigma_y=Re[Z_I]+yIm[Z'_I] \\ \tau_{xy}=-uRe[Z'_I] \end{cases} \qquad \text{（附-38）}$$

$$\begin{cases} 2\mu u = \dfrac{\kappa-1}{2} Re[\widetilde{Z}_{\mathrm{I}}] - yIm[Z_{\mathrm{I}}] \\ 2\mu v = \dfrac{\kappa+1}{2} Im[\widetilde{Z}_{\mathrm{I}}] - yRe[Z_{\mathrm{I}}] \end{cases} \tag{附-39}$$

对于 II 型裂纹，有：

$$\begin{cases} \sigma_x = 2ImZ_{\mathrm{II}} + yReZ'_{\mathrm{II}} \\ \sigma_y = -yReZ'_{\mathrm{II}} \\ \tau_{xy} = ReZ_{\mathrm{II}} - yImZ'_{\mathrm{II}} \end{cases} \tag{附-40}$$

$$\begin{cases} 2\mu u = \dfrac{\kappa+1}{2} Im\widetilde{Z}_{\mathrm{II}} + yReZ_{\mathrm{II}} \\ 2\mu v = -\dfrac{\kappa-1}{2} Re\widetilde{Z}_{\mathrm{II}} + yImZ_{\mathrm{II}} \end{cases} \tag{附-41}$$

上述结果是力学家 Westergaard 首先得到的，因此 Z_{I} 和 Z_{II} 被称为 Westergaard 应力函数。要求得满足边界条件的 Westergaard 函数是相当不容易的。通常只是采用给出的函数验证其是否满足裂纹问题的边界条件，最后得出裂纹尖端的应力场，从而获得应力强度因子值（$K_{\mathrm{I}} = \sigma\sqrt{\pi a}$）。本书中重点讨论的是计算应力强度因子的数值方法，其中可能涉及平面问题和反平面剪切问题，所以此处仅介绍其基本概念和方法，而具体的复变函数解法以及特定情况下 Westergaard 函数的表达不再给出。

附录3　热载荷作用下的应力强度因子和 T 应力

附录的最后，介绍与热载荷相关的断裂问题。在本书之前的叙述中未涉及热断裂问题，而热应力问题是断裂力学很重要的一个方面。许多复合材料需要在热环境中服役，例如火箭外的蒙皮、热障图层结构和电子封装结构等。在热载荷作用下，如果产生的变形被约束在这些材料或结构内部，就会产生与之相抵抗的力，这个力被称为热应力。热应力集中区域经常是失效的多发点。许多材料会在热应力作用下发生断裂破坏。而我们关注的问题是材料内部已含有宏观裂纹（由多种原因诱发），并且在热和机械载荷的共同作用下，裂纹尖端断裂参数的提取和裂纹的扩展问题。此时，问题的复杂性在于不仅仅包含机械属性的界面，还会有热属性（例如热传导率和热膨胀系数等）的界面。这些现象和影响因素当材料局部区域温差较大的时候极容易导致热断裂问题。除了热传导之外，问题还涉及热流载荷、抗热震性、热冲击等非稳态情况，需要建立更有效的数值分析体系来求解裂纹尖端断裂参数和评估材料或结构的失效。我们将研究对象设定在稳态、小范围弹性变形。此时，机械载荷和热载荷导致的应变可以线性叠加。这里只给出求解热应力强度因子和 T 应力的方法，这些方法仍然是基于 XFEM 或者 LMR-XFEM 计算基本场。

对于稳态的二维热传导问题，其傅里叶方程可以表示为：

$$\frac{\partial}{\partial x}\left(\lambda_x \frac{\partial T}{\partial x}\right) + \frac{\partial}{\partial y}\left(\lambda_y \frac{\partial T}{\partial y}\right) + Q = 0 \qquad (\text{附-42})$$

式中，T 为物体的温度场；λ_x 和 λ_y 为材料在 x、y 方向上的热传导率；Q 为物体的内热源强度。为了求解热传导问题还需联立初始条件与边界条件。初始条件为物体整个区域中在加载过程开始时所具有的问题，可以表示为 $T\mid_{t=0} = T_0$。而常见的温度边界条件有如下 3 类。

① 物体边界上的温度值已知（狄利克雷边界条件），可表示为：

$$T\mid_{S_1} = T_S \qquad (\text{附-43})$$

② 物体边界上的热流密度为已知（纽曼边界条件），可表示为：

$$q\mid_{S_2} = -\lambda \frac{\partial T}{\partial n}\mid_{S_2} = q_S \qquad (\text{附-44})$$

③ 与物体相接触的流体的温度与换热系数为已知（罗宾边界条件），即

$$q\mid_{S_3} = h(T - T_h)\mid_{S_3} \qquad (\text{附-45})$$

首先，我们求解裂纹对于温度场完全导通情况下（即裂纹的存在对于温度场没有影响）的温度场有限元形式。在有限元法中，单元内的温度分布为：

$$T^e(x, y) = NT^e = \sum_{i=1}^{m} N_i T_i \qquad (\text{附-46})$$

式中，N 为形状函数，其分量为 N_i；T^e 表示节点温度，分量为

T_i。选取 4 节点单元进行计算时，取 $m=4$。对上述傅里叶热传导方程进行积分，可得：

$$\int_A N_i \left[\lambda_x \frac{\partial^2 T}{\partial x^2} + \lambda_y \frac{\partial^2 T}{\partial y^2} \right] \mathrm{d}x\,\mathrm{d}y = \int_A N_i Q \mathrm{d}A \qquad (\text{附-47})$$

根据温度边界条件，可以得到如下表达：

$$[\boldsymbol{K}^e]\{\boldsymbol{T}^e\} = \{\boldsymbol{F}_Q^e\} + \{\boldsymbol{F}_q^e\} + \{\boldsymbol{F}_h^e\} \qquad (\text{附-48})$$

式中，$[\boldsymbol{K}^e]$ 为单元热传导矩阵；$\{\boldsymbol{F}_Q^e\}$、$\{\boldsymbol{F}_q^e\}$ 和 $\{\boldsymbol{F}_h^e\}$ 为等价的单元力函数，形式如下：

$$[\boldsymbol{K}^e] = \int_{\Omega^e} \left[\frac{\partial N^T}{\partial x} \frac{\partial N}{\partial x} \lambda_x + \frac{\partial N^T}{\partial y} \frac{\partial N}{\partial y} \lambda_y \right] \mathrm{d}\Omega^e + \int_{S_3^e} N^T h N \mathrm{d}S_3^e$$

$$(\text{附-49})$$

$$\{\boldsymbol{F}_Q^e\} = \int_{\Omega^e} N^T Q \mathrm{d}\Omega^e \qquad (\text{附-50})$$

$$\{\boldsymbol{F}_q^e\} = \int_{S_2^e} N^T q_S \mathrm{d}S_2^e \qquad (\text{附-51})$$

$$\{\boldsymbol{F}_h^e\} = \int_S N^T h T_h \mathrm{d}S \qquad (\text{附-52})$$

将所有单元的温度方程进行叠加，可以得到系统的温度方程组：

$$[\boldsymbol{K}]\{\boldsymbol{T}\} = \{\boldsymbol{f}\} \qquad (\text{附-53})$$

式中，$[\boldsymbol{K}]$ 为刚度矩阵；$\{\boldsymbol{T}\}$ 为整体节点温度向量；$\{\boldsymbol{f}\}$ 为等效的系统力函数。利用式（附-53）我们可以计算出各个节点的温度场。

上面的计算公式是假设裂纹对温度场完全导通。下面来推导裂纹绝热情况下温度场的有限元表达。如果裂纹被假设为绝热状态，裂纹上、下表面的温度场是不连续的，而且在裂纹尖端，热流也具有奇异性的特点。可以利用 XFEM 的思想对温度场的离散形式进行改进。类似地，将不连续温度场的离散形式表达如下：

$$T^e(x) = \sum_{i \in I} N_i(x) T_i + \sum_{j \in J} N_j(x) a_j H(x) + \sum_{k \in K} N_k(x) b_k \gamma_2(r, \theta)$$

$$(\text{附-54})$$

式中，a_j 和 b_k 为在区域 J 和区域 K 中的节点自由度；N_i 为标准的有限元形状函数，且 $\sum_I N_I(x) = 1$；$H(x)$ 为广义的 Heaviside 函数

（阶跃函数），其在裂纹上端取值为 +1，而在裂纹下端取值为 +1（见图 3-2）。在温度的传播过程中，只选取裂尖增强函数中的第二项特征函数 $\left(\sqrt{r}\cos\dfrac{\theta}{2}\right)$ 进行计算，由此得到单元的温度模式：

$$[\boldsymbol{K}_a^e]\{\boldsymbol{T}^e\} = \{\boldsymbol{F}_Q^e\} + \{\boldsymbol{F}_q^e\} + \{\boldsymbol{F}_h^e\} \qquad (\text{附-55})$$

式中，$[\boldsymbol{K}_a^e]$ 为绝热状态下的单元热传导矩阵，其形式如下：

$$[\boldsymbol{K}_a^e] = \int_{\Omega^e} (\boldsymbol{B}_i^r)^T \boldsymbol{D} \boldsymbol{B}_j^s \, \mathrm{d}\Omega + \int_{S_3^e} N^T h N \mathrm{d}S_3^e \qquad (r,s=t,a,b)$$

$$(\text{附-56})$$

其中

$$\boldsymbol{D} = \begin{bmatrix} k_x & 0 \\ 0 & k_y \end{bmatrix} \qquad (\text{附-57})$$

$$\boldsymbol{B}_i^t = [N_{i,x} \, N_{i,y}]^T \qquad (\text{附-58})$$

$$\boldsymbol{B}_i^a = [(N_i H)_{,x} \, (N_i H)_{,y}]^T \qquad (\text{附-59})$$

$$\boldsymbol{B}_i^b = [(N_i \gamma_2)_{,x} \, (N_i \gamma_2)_{,y}]^T \qquad (\text{附-60})$$

与完全导通的裂纹条件类似，可以得到系统的温度方程组为：

$$[\boldsymbol{K}]\{\boldsymbol{T}\} = \{\boldsymbol{f}\} \qquad (\text{附-61})$$

根据得到的温度场可以计算复合（非均质）材料中的热应力场。弹性力学中，热应力和应变之间存在如下关系：

$$\sigma = \boldsymbol{C}\varepsilon^m = \boldsymbol{C}(\varepsilon^{\text{total}} - \varepsilon^{\text{th}}) \qquad (\text{附-62})$$

式中，σ 为热应力；$\boldsymbol{C}$ 为刚度矩阵；ε^m 为材料的机械应变；$\varepsilon^{\text{total}}$ 和 ε^{th} 分别为总应变和热应变。热应变 ε^{th} 可以表示为：

$$\varepsilon^{th} = \alpha \Delta T \delta_{ij} (i,j=1,2) \qquad (\text{附-63})$$

式中，α 为材料的热膨胀系数；ΔT 为材料的温度变化（温差）；δ_{ij} 为 Kronecker 符号。利用虚功原理，平衡方程可表示为：

$$\int_{\Omega} C_{ijkl}\varepsilon_{kl}\delta\varepsilon_{ij} \, \mathrm{d}\Omega - \left(\int_{\Omega} C_{ijkl}\varepsilon_{kl}^{th}\delta\varepsilon_{ij} \, \mathrm{d}\Omega + \int_{\Omega} \bar{b}_i \delta u_i \, \mathrm{d}\Omega + \int_{S_p} \bar{p}_i \delta u_i \, \mathrm{d}A \right) = 0$$

$$(\text{附-64})$$

式中，Ω 为总区域；$\bar{b}_i$ 和 $\bar{p}_i$ 分别为体力和面力。如果材料中有裂纹这类不连续体存在，与机械载荷时类似，位移模式可表示为：

$$u^h(x) = \sum_{i \in I} N_i u_i + \sum_{j \in J} N_j b_j H(x) + \sum_{k \in K} N_k \sum_{l=1}^{4} c_k^l \gamma_l(r,\theta)$$

(附-65)

单元位移模式对应的方程组为：

$$[\boldsymbol{K}_u^e]\{\boldsymbol{u}^e\} = \{\boldsymbol{F}^e\} + \{\boldsymbol{F}_{th}^e\} \qquad \text{(附-66)}$$

其中

$$[\boldsymbol{K}_u^e] = \int_{\Omega^e} (\boldsymbol{B}_i^r)^T \boldsymbol{C} \boldsymbol{B}_j^s \, \mathrm{d}\Omega \qquad \text{(附-67)}$$

$$\{\boldsymbol{F}^e\} = \int_{\Omega^e} N^T \overline{b} \, \mathrm{d}\Omega + \int_{S_p^e} N^T \overline{p} \, \mathrm{d}A \qquad \text{(附-68)}$$

$$\{\boldsymbol{F}_{th}^e\} = \int_{\Omega^e} (\boldsymbol{B}_i^u)^T \boldsymbol{C} \varepsilon^{th} \, \mathrm{d}\Omega \qquad \text{(附-69)}$$

在上式中 $[\boldsymbol{K}_u^e]$ 表示单元刚度矩阵，$\{\boldsymbol{u}^e\}$ 表示单元位移向量，而矩阵 $\boldsymbol{B}$ 表示的是形函数的导数矩阵，它可以写成如下形式：

$$\boldsymbol{B}_i^u = \begin{bmatrix} N_{i,x} & 0 \\ 0 & N_{i,y} \\ N_{i,y} & N_{i,x} \end{bmatrix} \qquad \text{(附-70)}$$

$$\boldsymbol{B}_i^c = \begin{bmatrix} (N_i H)_{,x} & 0 \\ 0 & (N_i H)_{,y} \\ (N_i H)_{,y} & (N_i H)_{,x} \end{bmatrix} \qquad \text{(附-71)}$$

$$\boldsymbol{B}_i^d = [\boldsymbol{B}_i^{d1} \boldsymbol{B}_i^{d2} \boldsymbol{B}_i^{d3} \boldsymbol{B}_i^{d4}] \qquad \text{(附-72)}$$

$$\boldsymbol{B}_i^{dI} = \begin{bmatrix} (N_i \gamma_I)_{,x} & 0 \\ 0 & (N_i \gamma_I)_{,y} \\ (N_i \gamma_I)_{,y} & (N_i \gamma_I)_{,x} \end{bmatrix} \qquad \text{(附-73)}$$

假设在系统中没有外加的体力和面力，由此得到单元力 $\{\boldsymbol{F}^e\} = 0$。而 $\{\boldsymbol{F}_{th}^e\}$ 是等效的温度载荷向量，这部分载荷只与温度场的变化相关。将所有的单元位移方程相加，可以得到系统的位移方程组：

$$[\boldsymbol{K}_u]\{\boldsymbol{u}\} = \{\boldsymbol{F}_{th}\} \qquad \text{(附-74)}$$

求解上式即可得到位移场。而对于非均质材料，在计算单元刚度矩阵时，仍选取高斯积分点处真实的材料属性进行计算即可。获得了基本场，包括温度场、位移场、应力场和应变场后，就可以计算裂尖的断裂参数。下面，仍采用相互作用积分法。

热载荷下相互作用积分的使用首先也需要引入适合的辅助场。由于在计算过程中，热载荷引起的热应力也可以像机械载荷一样施加在材料或结构上，所以对热载荷的情况，也可选取与机械载荷相同的辅助场形式，即无限大板裂纹尖端场 Williams 展开式中的低阶项。类似第 5 章中的推导，得到热载荷作用下针对非均质材料的相互作用积分表达如下：

$$I = \int_A (\sigma_{ij}^{\text{aux}} u_{i,1} + \sigma_{ij} u_{i,1}^{\text{aux}} - \sigma_{ik}^{\text{aux}} \varepsilon_{ik}^m \delta_{1j}) q_{,j} \, \mathrm{d}A$$

$$+ \int_A (\sigma_{ij} (S_{ijkl}^{\text{tip}} - S_{ijkl}(x)) \sigma_{kl,1}^{\text{aux}} + \sigma_{ij}^{\text{aux}} \varepsilon_{ij,1}^{th}) q \, \mathrm{d}A \qquad (\text{附-75})$$

定义由热载荷作用下交互作用能量积分的增加项为 I_{temp}，其形式为：

$$I_{\text{temp}} = \int_A (\sigma_{ij}^{\text{aux}} \varepsilon_{ij,1}^{th}) q \, \mathrm{d}A = \int_A \sigma_{ii}^{\text{aux}} [\alpha_{,1}(T - T_0) + \alpha T_{,1}] q \, \mathrm{d}A$$

$$(\text{附-76})$$

由于在上述的推导过程中选取的围道是围绕裂尖的任意曲线，所以此积分具有围道守恒性（或称区域无关性）。如果材料内部存在其他弱界面时，热断裂问题变得更为复杂，尤其当裂纹尖端靠近材料界面时，积分区域不可避免地会与界面相交。这里不再给出详尽的推导过程，最终的积分表达式为：

$$I = I_{\text{mechanical}} + I_{A^+}^{th} + I_{A^-}^{th} + I_{\text{interface}} \qquad (\text{附-77})$$

其中

$$I_{\text{mechanical}} = \int_A (\sigma_{ij}^{\text{aux}} u_{i,1} + \sigma_{ij} u_{i,1}^{\text{aux}} - \sigma_{ik}^{\text{aux}} \varepsilon_{ik} \delta_{1j}) q_{,j} \, \mathrm{d}A$$

$$+ \int_A \sigma_{ij} [S_{ijkl}^{\text{tip}} - S_{ijkl}(x)] \sigma_{kl,1}^{\text{aux}} q \, \mathrm{d}A \qquad (\text{附-78})$$

$$I_{A^+}^{th} = \int_{A^+} \sigma_{ii}^{\text{aux}} [\alpha_{,1}(T - T_0) + \alpha T_{,1}] q \, \mathrm{d}A \qquad (\text{附-79})$$

$$I_{A^-}^{th} = \int_{A^-} \sigma_{ii}^{\text{aux}} [\alpha_{,1}(T - T_0) + \alpha T_{,1}] q \, \mathrm{d}A \qquad (\text{附-80})$$

$$I_{\text{interface}} = \int_{\Gamma_{\text{interface}}} [\sigma_{ii}^{\text{aux}} (\alpha^{②} - \alpha^{①})(T - T_0) \cos\theta] q \, \mathrm{d}\Gamma \qquad (\text{附-81})$$

式中，标有上角标①和②的变量或表达式表示它们分别属于区域 A^+ 和 A^-（这两个区域被界面隔开），并代表区域中的各项参数。假设材料或结构仅受到机械载荷作用，即材料中没有温度变化（$\Delta T = 0$），那么很容易地得到 $I_{A^+}^{th} = I_{A^-}^{th} = 0$ 和 $I_{\text{interface}} = 0$，方程（附-77）仅剩下 $I_{\text{mechanical}}$ 这一项。这与第 5 章给出的结果是一致的。与前面划分不连续体强、弱的定义有所差异，为了讨论材料参数的不连续对热应力强度因子或 T 应力的影响，可以将界面划分为：a. 材料参数以及其导数在界面上不连续（强界面）；b. 材料参数在界面上连续，但是其导数在界面处不连续（弱界面）。

经研究可以发现，当机械属性不连续时，由于在积分中并不存在机械属性的导数项，所以对于上述两种界面，相互作用积分都满足守恒性。当热属性不连续时，对于第一项 $I_{\text{mechanical}}$，由于其不含热属性项，所以其不受热属性不连续的影响。为了更加清晰地描述，我们将分别对弱界面与强界面情况下的另外三项 $I_{A^+}^{th}$、$I_{A^-}^{th}$ 和 $I_{\text{interface}}$ 的守恒性进行考虑。当热属性为弱界面时，界面两侧的热属性相等，有 $\alpha^② = \alpha^①$，所以有 $I_{\text{interface}} = 0$。对于 $I_{A^+}^{th}$ 和 $I_{A^-}^{th}$ 两项，由于在区域 A^+ 和 A^- 中，热属性及其导数都是连续的，所以它们的守恒性也成立；当热属性为强界面时，热属性及其导数在区域 A^+ 和 A^- 中都是连续的，所以 $I_{A^+}^{th}$ 和 $I_{A^-}^{th}$ 的守恒性成立。对于 $I_{\text{interface}}$，由于其中各积分项都不含有热属性的导数项，即使在界面上热属性导数不存在，仍然可以用来计算。所以，$I_{\text{interface}}$ 对于热属性为强界面时也仍然成立。通过以上的分析，可以得出上述相互作用能量积分可以用来计算含有机械属性以及热属性的弱界面以及强界面问题，而且其区域无关性能够得到满足。

在非均质材料内部，往往不仅含有一个界面，例如前文提到的颗粒增强复合材料，其内部存在多个颗粒与基体材料界面。考虑这种材料中的裂尖热断裂力学参数时可以发现，在选取的积分区域中含有多个材料界面。可以证明式（附-77）的积分表达式在这种情况下也同样是成立的，也具有路径无关性的特点。计算得到相互作用积分后，可以根据和式（5-7）相同的办法提取裂纹尖端的混合型热应力强度因子。和机械载荷时一致，上述相互作用积分法能够高效地处理含多个界面材料的热断裂问题，讨论热膨胀系数和弹性模量不匹配时的影响，且其应用范围较以往的方法也有了一定程度的拓宽。另外，界面裂纹也是断裂力学中常遇到的裂纹形态之一。界面往往都是材料或结构中比较薄弱的环节，容易在外部载荷作用下产生裂纹，而且这种界面裂纹具有震荡奇异性的特点。许多学者已经对界面裂纹的热断裂问题进行了研究。而当界面裂纹附近包含其他材料界面时，只需选取适合的辅助场（因为奇异性特点发生改变），亦可采用相互作用积分法求解热断裂参数，有兴趣的读者可以自行推导和尝试。通常情况下，热传导率的不连续性对于热应力强度因子的影响比较小。而弹性模量与热膨胀系数的不连续性对热应力强度因子有很大影响，尤其在裂纹尖端靠近或穿过界面时，热应力强度因子会产生跳跃，并出现极值。这些现象在工程上都十分值得关注。下面讨论 T 应力的提取。T 应力指平行于裂纹表面的应力，它是裂尖应力场中的非奇异项。研究表明 T 应力对裂纹扩展方向、塑性区的形状以及断裂韧性都有很大的影响。对于小尺度的 Ⅰ 型裂纹而言，当 $T < 0$ 时，裂纹稳定且沿着直线扩展；而当 $T > 0$ 时，裂纹变得不稳定且其扩展路径不再是一条直线。在本书第 5 章中并没有给出采用相互作用积分求解 T 应力的办法，是因为热载荷时的相互作用积分表达式如果消去温度的影响，便退回到和机械载荷一致的情况。首先还是给出一种辅助场，选择适当的辅助场会使得推导与计算过程更加简单。其定义如下：

$$u_1^{\text{aux}} = -\frac{F(\kappa_{tip}+1)}{8\pi\mu_{\text{tip}}}\ln\frac{r}{d} - \frac{F}{4\pi\mu_{\text{tip}}}\sin^2\omega$$

$$u_2^{\text{aux}} = -\frac{F(\kappa_{tip}-1)}{8\pi\mu_{\text{tip}}}\omega + \frac{F}{4\pi\mu_{\text{tip}}}\sin\omega\cos\omega \qquad (\text{附-82})$$

$$\sigma_{11}^{\text{aux}} = -\frac{F}{\pi r}\cos^3\omega$$

$$\sigma_{22}^{\text{aux}} = -\frac{F}{\pi r}\cos\omega\sin^2\omega$$

$$\sigma_{12}^{\text{aux}} = -\frac{F}{\pi r}\cos^2\omega\sin\omega \qquad (\text{附-83})$$

式（附-82）为辅助位移场，式（附-83）为辅助应力场，称为"不相容"

形式的辅助场。另外，F 为无限大板中加载在裂纹尖端点的力，如附图 1、附图 2 所示。

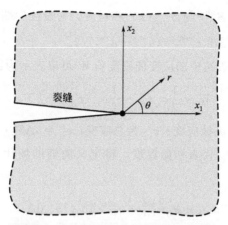

附图 1　无限大均匀介质中的裂纹尖端

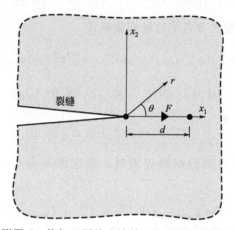

附图 2　施加于裂纹尖端并平行于裂纹的点力

d 为 x_1 轴上一固定点的坐标。μ_{tip} 裂纹尖端的剪切模量，可以写为：

$$\kappa_{\text{tip}} = \begin{cases} \dfrac{3 - \nu_{\text{tip}}}{1 + \nu_{\text{tip}}} （平面应力） \\[2mm] 3 - 4\nu_{\text{tip}} （平面应变） \end{cases} \qquad （附\text{-}84）$$

式中，ν_{tip} 代表裂纹尖端处的泊松比。辅助应变场由辅助应力场与材料的真实属性相乘而求得，即：$\varepsilon_{ij}^{\text{aux}} = S_{ijkl}(\boldsymbol{x})\, \sigma_{kl}^{\text{aux}}$，$S_{ijkl}$ 为真实材

料的柔度矩阵。由于 $S_{ijkl}(\boldsymbol{x})$ 不代表裂纹尖端的属性，所以，可以得到 $\varepsilon_{ij}^{\text{aux}} \neq (u_{i,j}^{\text{aux}} + u_{j,i}^{\text{aux}})/2$。为了推导方便，仍定义一个新的应变 $\varepsilon_{ij}^{\text{aux0}} = S_{ijkl}^{\text{tip}} \sigma_{kl}^{\text{aux}}$，其中，$S_{ijkl}^{\text{tip}}$ 与 $S_{ijkl}(\boldsymbol{x})$ 相对应，为裂纹尖端材料属性的柔度矩阵，由此可以得出 $\varepsilon_{ij}^{\text{aux0}} = (u_{i,j}^{\text{aux}} + u_{j,i}^{\text{aux}})/2$。

传统 J 积分表达中的应变能密度项 W 可以表示为：

$$W = \frac{1}{2}\sigma_{ij}\varepsilon_{ij}^{m} = \frac{1}{2}\sigma_{ij}\left(\varepsilon_{ij}^{t} - \varepsilon_{ij}^{th}\right) \qquad (\text{附-85})$$

式中，ε_{ij}^{m} 为机械应变；ε_{ij}^{t} 为总应变；$\varepsilon_{ij}^{th} = \alpha\Delta\theta\delta_{ij}$ 为热应变；$\Delta\theta = \theta - \theta_0$ 为温差而 θ_0 代表初始温度。将定义的辅助场代入，可以得到的积分表达式为：

$$I = \int_A (\sigma_{ij}^{\text{aux}} u_{i,1} + \sigma_{ij} u_{i,1}^{\text{aux}} - \sigma_{ik}^{\text{aux}} \varepsilon_{ik}^{m} \delta_{1j}) q_{,j}\, \mathrm{d}A$$

$$+ \int_A (\sigma_{ij}^{\text{aux}} u_{i,j1} + \sigma_{ij} u_{i,j1}^{\text{aux}} - \sigma_{ij,1}^{\text{aux}} \varepsilon_{ij}^{m} - \sigma_{ij}^{\text{aux}} \varepsilon_{ij,1}^{m}) q\, \mathrm{d}A \qquad (\text{附-86})$$

同样地，将其转化为等效的区域积分形式：

$$I = \int_A (\sigma_{ij}^{\text{aux}} u_{i,1} + \sigma_{ij} u_{i,1}^{\text{aux}} - \sigma_{ik}^{\text{aux}} \varepsilon_{ik}^{m} \delta_{1j}) q_{,j}\, \mathrm{d}A$$

$$+ \int_A (\sigma_{ij} (S_{ijkl}^{\text{tip}} - S_{ijkl}(x)) \sigma_{kl,1}^{\text{aux}}) q\, \mathrm{d}A$$

$$+ \int_A \sigma_{\mathrm{II}}^{\text{aux}} [\alpha_{,1}(\theta - \theta_0) + \alpha\theta_{,1}] q\, \mathrm{d}A \qquad (\text{附-87})$$

当积分区域内包含其他材料界面时，根据第 5 章中的推导，有如下表达：

$$I = I_{\text{mechanical}} + I_{A_1}^{th} + I_{A_2}^{th} + I_{\text{interface}} \qquad (\text{附-88})$$

其中的各项分别为：

$$I_{\text{mechanical}} = \int_A (\sigma_{ij}^{\text{aux}} u_{i,1} + \sigma_{ij} u_{i,1}^{\text{aux}} - \sigma_{ik}^{\text{aux}} \varepsilon_{ik} \delta_{1j}) q_{,j}\, \mathrm{d}A$$

$$+ \int_A \sigma_{ij} [S_{ijkl}^{\text{tip}} - S_{ijkl}(x)] \sigma_{kl,1}^{\text{aux}} q\, \mathrm{d}A \qquad (\text{附-89})$$

$$I_{A_1}^{th} = \int_{A_1} \sigma_{ii}^{\text{aux}} [\alpha_{,1}(\theta - \theta_0) + \alpha\theta_{,1}] q\, \mathrm{d}A \qquad (\text{附-90})$$

$$I_{A_2}^{th} = \int_{A_2} \sigma_{ii}^{\text{aux}} [\alpha_{,1}(\theta - \theta_0) + \alpha\theta_{,1}] q\, \mathrm{d}A \qquad (\text{附-91})$$

下面介绍如何提取 T 应力。相互作用积分的线积分形式可以表示为：

$$I = \lim_{\Gamma_0 \to 0} \oint_{\Gamma_0} (\sigma_{ik} \varepsilon_{ik}^{\text{aux}} \delta_{1j} - \sigma_{ij} u_{i,1}^{\text{aux}} - \sigma_{ij}^{\text{aux}} u_{i,1}) n_j \, \mathrm{d}\Gamma \qquad (\text{附-92})$$

裂纹尖端附近的应力场有如下表达：

$$\sigma_{ij} = K_I g_{ij}^{\,I}(\omega) + K_{II} g_{ij}^{\,II}(\omega) + T \delta_{1i} \delta_{1j} + O(r^{1/2}) + \cdots$$

$$(\text{附-93})$$

为了方便后面的推导，将真实场与辅助场简写为：

$$\beta_{ij} = O(r^{-1/2}) + O(r^0) + O(r^{1/2}) + o(r^{1/2}) \qquad (\text{附-94})$$

$$\eta_{ij} = O(r^{-1}) \qquad (\text{附-95})$$

式中，β_{ij} 代表应力场 σ_{ij}、应变场 ε_{ij} 以及位移场导数 $u_{i,j}$ 之中的一个；η_{ij} 代表辅助应力场 σ_{ij}^{aux}、辅助应变场 $\varepsilon_{ij}^{\text{aux}}$ 以及辅助位移场导数 $u_{i,j}^{\text{aux}}$ 之中的一个。在表达式（附-53）与式（附-54）中，$O(r^c)$ 代表包含 r^c 的项，而 $o(r^c)$ 表示的是所有包含 r^b 的高阶项。类似的，可以将相互作用积分写为包含 $O(r^c)$ 和 $o(r^c)$ 的形式，即

$$I = I^{(r^{-1/2})} + I^{(r^0)} + I^{(r^{1/2})} + I^{(o(r^{1/2}))} \qquad (\text{附-96})$$

式中，$I^{(r^{-1/2})}$、$I^{(r^0)}$、$I^{(r^{1/2})}$ 和 $I^{(o(r^{1/2}))}$ 分别代表相互作用积分中包含 $O(r^{-1/2})$、$O(r^0)$，$O(r^{1/2})$ 和 $o(r^{1/2})$ 的部分。下面来分析这个方程中各项的贡献。首先分析 $O(r^{1/2})$ 和 $o(r^{1/2})$ 对 T 应力的贡献。当积分路径收缩到裂纹尖端点的时候，可以得到如下表达式：

$$\mathrm{d}\Gamma = r \, \mathrm{d}\omega \qquad (\text{附-97})$$

将方程（附-94）与方程（附-95）中有关 $O(r^{1/2})$ 和 $o(r^{1/2})$ 的两项代入方程（附-92），可以得到：

$$I^{(1/2)} = \lim_{r \to 0} \int_{-\pi}^{\pi} \left[O(r^{1/2}) O(r^{-1}) - O(r^{1/2}) O(r^{-1}) - O(r^{-1}) O(r^{1/2}) \right]$$

$$n_j r \, \mathrm{d}\theta = \lim_{r \to 0} O(r^{1/2}) = 0 \qquad (\text{附-98})$$

$$I^{(o(r^{1/2}))} = \lim_{r \to 0} \int_{-\pi}^{\pi} \left[o(r^{1/2}) O(r^{-1}) - o(r^{1/2}) O(r^{-1}) - O(r^{-1}) o(r^{1/2}) \right]$$

$$n_j r \, \mathrm{d}\theta = \lim_{r \to 0} o(r^{1/2}) = 0 \qquad (\text{附-99})$$

可以发现，这两项对于 T 应力没有贡献。接下来，分析 $O(r^{-1/2})$ 项对 T 应力的贡献。方程（附-92）中的三个角函数积分都为奇函数，而且都是从 $\omega = -\pi$ 到 $+\pi$ 进行积分的，结果都为 0。所以 $O(r^{-1/2})$ 项

对 T 应力没有贡献。基于上述分析，在相互作用积分中，唯一对 T 应力有贡献的项就是 $O(r^0)$ 项。所以，可以将方程（附-93）写为如下简单的形式：

$$\sigma_{ij} = T\delta_{1i}\delta_{1j} \tag{附-100}$$

可以看到，上式中的应力只表示平行于裂纹方向的应力。将方程（附-100）代入方程（附-92）中，可以得到：

$$I^{(0)} = \lim_{r \to 0} \int_{-\pi}^{\pi} (\sigma_{11}\varepsilon_{11}^{\text{aux}} n_1 - \sigma_{11} u_{1,1}^{\text{aux}} n_1 - \sigma_{ij}^{\text{aux}} u_{i,1} n_j) r\,\mathrm{d}\omega \tag{附-101}$$

与辅助场相关的项可以表示为：

$$\varepsilon_{11}^{\text{aux}} = -F\cos\omega[\kappa(x) + 1 - 4\sin^2\omega]/(8\pi r\mu(x)) \tag{附-102}$$

$$u_{1,1}^{\text{aux}} = -F\cos\omega[\kappa_{\text{tip}} + 1 - 4\sin^2\omega]/(8\pi r\mu_{\text{tip}}) \tag{附-103}$$

将这两项代回式（附-101）可以得到：

$$I^{(0)} = \lim_{r \to 0} \int_{-\pi}^{\pi} (-\sigma_{ij}^{\text{aux}} u_{i,1} n_j) r\,\mathrm{d}\omega \tag{附-104}$$

利用位移与应变的关系，可得：

$$u_{i,1} = \varepsilon_{11}^t \delta_{i1} = (\varepsilon_{11}^m + \varepsilon_{11}^{th})\delta_{i1} = \left(\frac{T}{E} + \alpha\Delta\theta C^*\right)\delta_{i1} \tag{附-105}$$

其中，对于平面应力状态 $C^* = 1$，而对于平面应变状态 $C^* = 1 + \nu(x)$。利用方程（附-105）以及辅助应力场的定义，可得：

$$I^{(0)} = \lim_{r \to 0} \int_{-\pi}^{\pi} -\left(-\frac{F}{\pi}\left(\frac{T}{E} + \alpha\Delta\theta C^*\right)\cos^2\omega\right)\mathrm{d}\omega$$

$$= \left(\frac{T}{E_{\text{tip}}^*} + \alpha_{\text{tip}}\Delta\theta_{\text{tip}}C_{\text{tip}}^*\right) \cdot F \tag{附-106}$$

最后，可以得到 T 应力与相互作用积分的关系式为：

$$T = \frac{I}{F}E_{\text{tip}}^* - \alpha_{\text{tip}}\Delta\theta_{\text{tip}}C_{\text{tip}}^* E_{\text{tip}}^* \tag{附-107}$$

其中的材料常数可以表示为：

$$E_{tip}^* = \begin{cases} E_{\text{tip}} & （平面应力） \\ \dfrac{E_{\text{tip}}}{1 - \nu_{\text{tip}}^2} & （平面应变） \end{cases} \tag{附-108}$$

$$C_{\text{tip}}^* = \begin{cases} 1（平面应力） \\ 1 + \nu_{\text{tip}}（平面应变） \end{cases} \tag{附-109}$$

为了讨论式（附-107）中相互作用积分的区域无关性，将 T 应力分割为几个部分：

$$T = \frac{E_{\text{tip}}^*}{F} \cdot I_{\text{mechanical}} + \frac{E_{\text{tip}}^*}{F} \cdot I_{A_1}^{th} + \frac{E_{\text{tip}}^*}{F} \cdot I_{A_2}^{th}$$

$$+ \frac{E_{\text{tip}}^*}{F} \cdot I_{\text{interface}} - \alpha_{\text{tip}} \Delta\theta_{\text{tip}} C_{\text{tip}}^* E_{\text{tip}}^* \qquad (\text{附-110})$$

还可以简单地表示为：

$$T = T_{\text{mechanical}} + T_{A_1} + T_{A_2} + T_{\text{interface}} - T_{\text{tip}} \qquad (\text{附-111})$$

考虑如下两种情况：一是热属性在区域内连续；二是热属性在界面两侧不连续，在界面处的导数不存在。第一种情况时，对于式（附-111）中第一项 $T_{\text{mechanical}}$，由于在该项中没有材料属性的导数存在，即界面连续与否与这一项无关；对于第二项与第三项 T_{A_1} 和 T_{A_2}，由于在区域 A_1 和区域 A_2 内，热属性的导数存在且连续，所以 T_{A_1} 和 T_{A_2} 不影响积分的守恒性；对于第四项 $T_{\text{interface}}$，在第一种情况下，即热属性在区域内连续，可以得到 $T_{\text{interface}} = 0$，所以此项对于整个 T 应力没有贡献；对于最后一项 T_{tip}，此项与材料参数的连续性无关。由上述证明可以得出，在第一种情况下，T 应力的计算具有区域无关性。对于第二种情况，第一项由于其内部没有热属性的项，热属性的不连续对其无影响。对于第二项与第三项，由于在区域 A_1 和区域 A_2 内部，热属性连续的且导数存在；对于第四项，尽管材料属性在界面两端是不连续的，但是第四项中没有热属性的导数项。最后一项对 T 应力的区域无关性无影响。所以对于第二种情况，守恒性仍然得以满足。即该相互作用积分的积分区域包含材料界面时，无论机械属性与热属性是否连续，均可采用该式进行计算，但前提是假设裂尖奇异性的特征不发生改变。已有的研究表明，界面两侧热传导率的差异对于 T 应力的影响不大，也不会在界面处使 T 应力产生跳跃。热膨胀系数与弹性模量的不连续会使 T 应力在界面变化很大，尤其当裂纹尖端靠近以及穿过材料界面时，T 应力的变化趋势与裂纹尖端远离界面时完全不同。在裂纹靠近界面时 T 应力会急剧升高，而当裂纹穿过界面时，T 应力又会急剧下降，在界面处出现跳跃的现象。上述内容介绍的是稳态热载荷作用下的断裂问题，并以线弹性断裂力学为基础。非均质材料在实际工况下，其内部的界面及相关介质的物理属性都会十分复杂，导致断裂行为体现出较大的差异性。例如瞬态温度场作用下的热冲击断裂问题、电-磁-弹-热耦合下的断裂问题和热-机械载荷共同作用下裂纹扩展的规律等都需要更进一步的研究。本书中给出的 LMR-XFEM 对含界面材料的线弹性断裂问题有着较好的适用性，它综合了有限元法和 XFEM 求解裂纹问题的优点，今后我们将把它推广和拓展到更多的应用领域中。

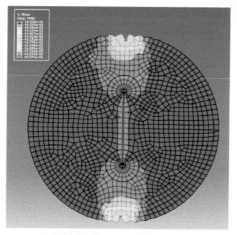 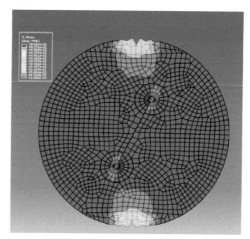

(a) 裂纹长径比α=0.4,裂纹倾角β=0°   (b) 裂纹长径比α=0.4,裂纹倾角β=25.27°

彩图 1　CCBD 试样的 Mises 应力云图

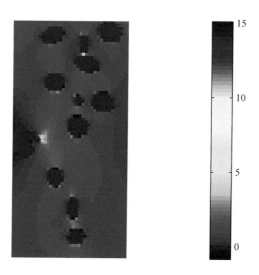

彩图 2　图 6-28（a）对应的 y 方向的应力云图

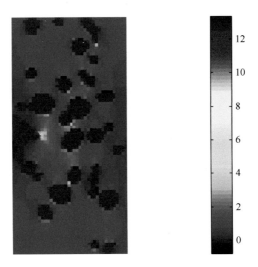

彩图 3　图 6-29（a）对应的 y 方向的应力云图

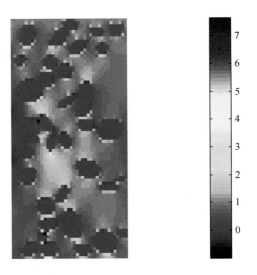

彩图 4　图 6-30（a）对应的 y 方向的应力云图

彩图 5　4 种配比的混凝土 CCBD 试件